重塑智能时代

重塑：
人工智能与学习的革命

刁生富　张　艳　刁宏宇　著

北京邮电大学出版社
www.buptpress.com

内 容 简 介

　　智能新时代，正催生着人类社会一场脱胎换骨的学习革命。本书围绕人工智能时代人类学习的重要方面进行了探讨，如人工智能对学习的冲击、智能学习的概念与特征、传统学习形态的分析、学生学习能力的培养、学习中介的要素、智能学习平台的搭建、学习资源的共享、学习角色的切换、学习评价方式的多元化、碎片化学习的价值及缺陷与超越、学习型社会的构建等。希冀通过本书的思考与探讨，回答"我们应该怎样学习"这类常常令人困惑的问题，并结合智能时代特征，给出方法论建议。

　　本书适合从事与教育事业相关的教师、行政人员、研究人员，大中专院校学生，具有中等以上文化程度且对互联网、大数据、人工智能、心理学、教育学等感兴趣的读者使用。

图书在版编目(CIP)数据

　　重塑：人工智能与学习的革命 / 刁生富，张艳，刁宏宇著. -- 北京 ：北京邮电大学出版社，2020.8

　　ISBN 978-7-5635-6058-5

　　Ⅰ. ①重… Ⅱ. ①刁… ②张… ③刁… Ⅲ. ①人工智能—影响—学习方法 Ⅳ. ①TP18 ②G442

　　中国版本图书馆 CIP 数据核字(2020)第 082025 号

策划编辑：彭 楠　　责任编辑：廖 娟　　封面设计：柏拉图

出版发行：北京邮电大学出版社
社　　　址：北京市海淀区西土城路 10 号
邮政编码：100876
发 行 部：电话：010-62282185　传真：010-62283578
E-mail：publish@bupt.edu.cn
经　　　销：各地新华书店
印　　　刷：河北宝昌佳彩印刷有限公司
开　　　本：720 mm×1 000 mm　1/16
印　　　张：13.75
字　　　数：217 千字
版　　　次：2020 年 8 月第 1 版
印　　　次：2020 年 8 月第 1 次印刷

ISBN 978-7-5635-6058-5　　　　　　　　　　　　　　　　定价：58.00 元

前言

在人类历史的进程中，在人的一生中，也许没有任何事情比学习更重要，学习贯穿于社会发展和个体成长的始终。在不同的时代，学习具有不同的形式，并因此具有不同的内涵。在智能新时代，学习的形式不断更新、学习的内涵逐渐扩大、学习的新态势日益凸显。"智能"正渗透于学习和教育的方方面面，贯穿于人们从咿呀学语到获取知识、领悟智慧、提升能力、谋求幸福的人生始终，正催生着人类社会一场脱胎换骨的学习革命。

在智能时代的学习中，整个学习活动围绕着"学习者"这个主体展开，突出了学习者的主体地位。人类的学习在智能技术的影响下，促进了学习理念的转变：从注重学会到注重会学，从注重知识到注重能力，从注重灌输知识到注重创造知识，从注重应试教育到注重"素质教育＋创新教育"，从注重片面发展到注重全面发展，从以教师为中心到以学生为中心。同时，在人工智能技术的影响下，还产生了智能化学习、个性化学习、探究式学习、自主学习、自适应学习等多种新型智能学习方式，这些学习方式的出现对学生的学习能力、思维能力、创新能力等多种能力的培养具有重要意义，满足智能时代对"高精尖"人才的需求。

在智能时代大背景下，随着智能技术在学习领域的渗透和运用，出现了多种新兴智能学习媒介；在智能学习平台的搭建下，学习资源全面共享，出现了智能学习、移动学习、泛在学习等多种智能学习方式。在智能新时代，生活处处是智能，智能意味着变革与迭代正在加速，这是原有的教育与学习中没有遇到过的场景。因此，学习者要充分利用一切智能技术时时学习、处处学习，进而构建终生学习体系和建设智能学习型社会。

智能技术赋能学习进而催生出适应智能社会的新型学习理念、方式、方法，这对人工智能时代重塑人类的学习具有重要意义。在内容上，本书分析了人工智能时代新兴技术给学习带来的冲击、智能学习的概念与特征、传统学习形态的分析、学习能力的培养、学习中介的重要要素、智能学习平台的搭建、学习资源的共享、学习角色的切换、学习评价方式的多元化、碎片化学习的缺陷与超越、学习型社会的构建等，围绕这些方面提出了一些可操作性的方法论建议。

本书将与读者一起感受：在智能新时代，改变是社会的常态，学习就在我们身边，我们需要用新的学习理念、新的学习习惯、新的学习方式、新的学习角色在智能时代站位，在这个"处处皆可学，处处都要学，想学就能学"的智能文化环境中获取知识、领悟智慧、提升能力、谋求幸福。

在本书写作过程中，作者参考了大量国内外文献，在此特向有关研究者和作者致以最真诚的感谢。由于作者知识和水平有限，书中难免存在不足之处和错误，敬请读者批评指正，不胜感激。

刁生富
2019 年 11 月 18 日

目录

第一章 技术赋能：人工智能与学习的革命 / 1

在智能新时代，智能技术赋能学习，使学习形式不断更新、学习的内涵逐渐扩大、学习的新态势日益凸显。"智能"正渗透于学习和教育的方方面面，引发一场前所未有的学习革命，并且这场革命还将持续进行着。

一、时代变迁：人工智能时代的到来 / 3

二、智化万物：智能时代的显著特征 / 7

三、技术赋能：人工智能对学习的影响 / 10

第二章 新时代新学习：智能学习的特征与价值 / 15

智能学习作为一种新型学习形态，利用大数据、互联网和人工智能等新兴技术对学习行为数据进行收集、分析和反馈，展现出非凡的生命力。在智能新时代，只有转变学习理念、创新学习方式、充分利用智能环境，才能提升学习效率，满足智能社会对人才的需要。

一、智能学习：智能新时代学习的新形态 / 17

二、"一个中心，两个基本点"：智能学习的特点 / 21

三、智能学习的价值：个性化学习与自主学习 / 24

四、新方法论：如何利用好智能学习 / 28

第三章　智能时代学习的变革：传统学习痛点的反思 / 33

随着人类步入人工智能新时代，传统学习的弊端和不足逐渐显现出来。班级授课制对学生个性化的忽视，应试教育的弊端，以及知识更新速度败给了知识的半衰期，作为传统学习的主要痛点，需要认真反思并在智能新时代下进行变革。

一、班级授课制：对学生个性化的忽视 / 35

二、应试教育：特点与弊端分析 / 39

三、智能学习新趋势：知识更新的速度与智能学习的价值 / 43

四、学习模式被颠覆：智能时代传统学习的变革 / 45

第四章　改造我们的学习：从培养学习力开始 / 49

学习力是学习者把自己所学的知识资源转化为知识资本的能力，其核心是快速而高效地学习新知识、掌握新技能的能力，智能时代知识更新速度越来越快，社会竞争也越来越激烈。学习者竞争的实质是其学习力的竞争——学习应该从培养学习力开始。

一、学习力：约等于社会竞争力 / 51

二、综合作用：学习力的影响因素 / 55

三、新方法论：智能时代学习力的培养 / 59

第五章　学习中介：智能时代学习成功的要素 / 65

　　学习中介作为学习活动不可或缺的因素，不论是对传统学习还是智能学习都具有非常重要的意义。在大数据和人工智能时代，尤其要重视学习方法、学习工具、学习数据和学习环境在学习过程中的作用，以取得更好的学习效果。

一、方法：事半功倍的学习因素 / 67

二、工具：人机协作学习的力量 / 69

三、数据：从因果到相关的思维转变 / 75

四、环境：不容忽视的学习条件 / 79

第六章　学习平台：虚拟与现实的结合点 / 85

　　在智能技术的冲击下，传统学习平台的弊端日益显现出来。为满足学习者高效便捷学习的需要，一方面要对传统学习平台进行改革与创新，另一方面要搭建和管理好智能学习平台，从而实现学习平台虚拟和现实的结合，最大程度提升学习效率。

一、传统学习平台：弊端分析 / 87

二、智能学习平台：价值分析 / 89

三、智能新形态：智能学习平台的搭建与管理 / 92

四、MOOC（慕课）：智能学习平台的典型代表 / 96

五、智能手机：移动学习平台 / 98

六、新方法论：如何利用好智能学习平台 / 99

第七章　学习资源：垄断与共享的时代竞合 / 103

　　在人工智能时代，学习资源随着智能技术的发展越来越丰富，资源系统越来越完善，传统学习资源逐渐从垄断走向共享，智能时代的学习者不仅要利用好传统学习资源，更要实现新时代学习资源的共享。

一、传统学习资源：智能时代仍要充分利用 / 105

二、新型学习资源：智能时代下的学习资源 / 108

三、资源新突破：智能时代下的大口径共享 / 111

四、新方法论：如何利用好智能时代的学习资源 / 114

第八章 学习角色：被动到主动的革命 / 119

学生在学习活动过程中一直扮演着非常重要的角色，但在传统的学习活动中，由于受教师权威性的影响，学生的主动性一直被压抑，其主体地位没有得到充分体现。随着人类进入智能时代，学生的角色将进行一场从被动到主动的革命。

一、两种学说："教师中心论"与"学生中心论" / 121

二、能动的学习主体：学生角色的转变 / 123

三、两种学习：机器学习与人类学习 / 127

四、新方法论：人类应该如何应对机器学习的挑战 / 131

第九章 学习评价：一维到多维的变革 / 133

学习评价是学习活动的重要环节，与学业成绩和综合素质息息相关，《北京共识——人工智能与教育》强调"人工智能在支持学习和学习评价潜能方面的发展优势，评估并调整课程，以促进人工智能与学习方式变革的深度融合。"智能时代的学习革命必然引起学习评价从一维到多维的变革。

一、学习评价：一个重要的问题 / 135

二、传统学习评价：弊端与改进 / 139

三、智能学习评价：特点与原则 / 142

四、新方法论：如何利用好智能时代的学习评价 / 146

第十章　碎片化学习：价值、缺陷与超越 / 149

智能时代碎片化学习具有工具多样性、时间不连续性和空间不固定性、内容零散性以及注意力随意性等特点。作为一种新的学习方式，碎片化学习突破了时空的限制，使学习倾向于无边际，促进全民学习和终身学习的实现。

一、碎片化学习：新型的学习方式 / 151

二、泛在学习：碎片化学习的价值 / 155

三、负面影响：碎片化学习的缺陷 / 160

四、新方法论：碎片化学习的超越 / 164

第十一章　学习型社会：人人都是学习者 / 167

信息网络化、经济全球化、生活智能化，使人类知识更新的速度不断加快，对人的素质提出了更高的要求，学习成为个人、组织、社会的迫切需要，学习型社会的建构更为迫切，其本质是通过相应的机制和手段形成全社会学习的氛围，促进全民学习和终身学习。

一、学习型社会：当代社会教育发展的主题 / 169

二、概念演变：学习型社会的提出与变化 / 171

三、未来学习生态：构建无边界学习环境 / 174

四、普遍共识：全民学习与终身学习 / 177

五、新方法论：智能学习型社会的构建 / 179

附录一　学习的革命：大数据与求知的新路径 / 187

附录二　论赛博空间中的学习革命 / 203

第一章

技术赋能：人工智能与学习的革命

时代变迁：人工智能时代的到来
智化万物：智能时代的显著特征
技术赋能：人工智能对学习的影响

2016 年，谷歌 DeepMind 开发的人工智能程序阿尔法狗（AlphaGo）以 4∶1的战绩击败韩国围棋职业选手李世石，引发全球各界人士的广泛关注，这被认为是人工智能发展的重要里程碑。人工智能第一次战胜世界围棋冠军，这不仅是人工智能的胜利，更是人类智能技术的胜利和超越，对人类的社会生活产生了深远的影响。在人工智能、大数据、云计算、区块链等新兴技术催生下的智能新时代，人类的学习发生了翻天覆地的变化。智能技术赋能学习，正催生着人类社会一场脱胎换骨的学习革命。

一、时代变迁：人工智能时代的到来

在新一代人工智能技术和新一代信息技术快速发展和广泛普及的大背景下，互联网、物联网、云计算、大数据等智能技术导致人类生产、生活方式的颠覆性变革，一个崭新的时代——"智能时代"正悄然来临。人类步入智能时代，其社会形态、社会生产、生活方式、社会组织结构以及社会治理模式等，都在智能技术的影响下被迅速、彻底、全方位地改变。同时，"人工智能"（Artificial Intelligence，AI）也成为这个智能新时代的热点词，备受人们的关注。

人工智能的发展可以追溯到 60 多年前。1950 年，计算机科学理论奠基人阿兰·图灵（Alan Mathison Turing）在他发表的"计算机器和智能"论文中提出了"图灵测试"，对"机器是否具有智能"进行了探讨，最后得出"机器和人类一样拥有智能"的结论；马文·明斯基（Marvin Minsky）将人工智能定义为一门科学，即机器能够完成本需要人类才能完成的任务；司马贺（Herbert A. Simon）作为符号派的代表，他认为人工智能技术是对符号的操作，每个原始的符号都有其相对应的物理客体。

1956 年夏季，以麦卡锡、明斯基、罗切斯特和申农等为首的一批有远见卓识的年轻科学家在一起聚会，共同研究和探讨用机器模拟智能的一系列有关问题，并首次提出了"人工智能"这一术语，标志着"人工智能"这门新兴学科的正式诞生。[①] 经过 60 多年的沉浮，2016 年，AlphaGo 在与人类的围棋对弈中取胜再次引发政府、产业界和学术界的极大关注。

尽管不同学者对"人工智能"的看法各异，但总的来说，人工智能主要是指用计算机借助人类的智慧去完成任务，在此过程中人工智能技术不断模拟人的思维方式和智能行为，从而探索人类智能活动的规律。通俗地说，人工智能就是让机器具备自动推理、语音识别、视觉识别、运动控制、人工意识等能力，能够让

---

① 韩阳,孙佳泽,王昊天．浅谈人工智能的发展历程及瓶颈[J]．数字通信世界,2019(06):124.

机器像人一样思考，具备人的能力（如图1-1所示）。

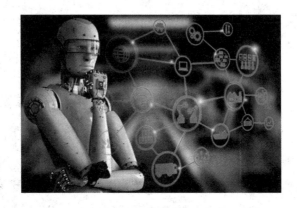

图 1-1　人工智能具备的能力

在60多年的发展历程中，人工智能的研究几经沉浮，因新技术的发明而获得空前关注，又因其商业化发展不景气而遭遇鄙弃。一般而言，新技术在成熟应用前都大致经历了萌芽、成长和高速发展三个发展阶段，人工智能也不例外，其标志性事件如表1-1所示。

表 1-1　人工智能发展的标志性事件

序　号	年　份	标志性事件
1	1950	阿兰·图灵提出"图灵测试"，详细讨论了"机器能否拥有智能"的问题
2	1956	AI诞生标志：美国达特茅斯会议召开
3	1957	洛森布拉特模拟神经网络"感知机"
4	1964	STUDENT系统实现应用题的证明
5	1966	可进行简单人机对话的ELIZA研制情况
6	1969	国际人工智能联合会成立
7	1980	卡耐基梅隆大学设计了XCON专家系统
8	1982	日本设计开发人工智能计算机
9	1986	多层神经网络和BP反向传播算法出现
10	1988	德国人工智能研究中心成立
11	1997	"深蓝"计算机战胜国际象棋冠军
12	2006	Geoffrey Hinton提出深度学习神经网络

序号	年份	标志性事件
13	2011	Waston 系统在娱乐节目中击败人类选手
14	2012	深度学习算法在 ImageNet 比赛中大热
15	2016	AlphaGo 击败前世界围棋冠军李世石
16	2017	AlphaGo 击败排名世界第一的围棋冠军柯洁
17	2017	汉森公司的机器人 Sophia 被授予公民身份
18	2018	全球首个"AI 合成主播"在新华社上岗

1956 年，达特茅斯会议召开，标志着人工智能正式诞生。人们提出了各种基础理论，包括感知机、贝尔曼公式等，极大地促进了人工智能的发展，但由于当时的数学模型和手段存在缺陷，计算复杂程度增加，在解决很多实际问题时难以奏效。因此，1973 年的《莱特希尔报告》指出人工智能没有取得预期效果。随后，人工智能的研究很快陷入了沉寂。

到了 20 世纪 80 年代，人们提出"建立专家控制系统"的新概念，即一个智能化的计算机程序系统包含了一定领域专家的大量知识和经验，能够利用人类专家的知识和经验来处理该领域的高层次问题。同时，多层神经网络和反向传播算法的发明促使人工智能发展再次进入公众的视野。但由于在实践过程中专家系统所依赖的 Lise 机器失败，且升级维护较难，加之软件和算法层面的挑战没有突破，硬件设备也面临挑战，导致人工智能的发展再次进入寒冬。

20 世纪 90 年代以来，杰弗里·辛顿发现训练高层神经网络的有效算法，并于 2012 年在图像识别领域获得突破；2016 年，AlphaGo 战胜李世石；深度学习、支持向量机、贝叶斯采样推理等发明；GPU 被广泛采用，大数据技术的发展等使人工智能再一次掀起发展高潮。人们也充分认识到人工智能技术给人类生产生活带来的颠覆性变化和巨大的经济效益。世界各国高度重视人工智能技术的发展，纷纷出台相关政策支持人工智能的研究。2016 年 10 月，奥巴马在白宫前沿峰会上发布了《国家人工智能研究和发展战略计划》报告；2017 年 7 月，我国国务院印发《新一代人工智能发展规划》；2019 年 3 月 5 日，国务院总理李克强在政府工作报告中首提"智能＋"，报告指出：打造工业互联网平台，拓展"智能＋"，为制造业转型升级赋能。而"人工智能"一词，更是连续三年出现在政府工作报告中，成为促进新兴产业加快发展的新动能。

人工智能技术在人类生产生活各个领域的广泛运用，促进了人类生产和生活的智能化。按照其功能及发展阶段划分，一般将人工智能划分为弱人工智能（Artificial Narrow Intelligence）、强人工智能（Artificial General Intelligence）和超级人工智能（Artificial Super Intelligence）（如图 1-2 所示）。

图 1-2　人工智能的分类

弱人工智能在某一特定领域、特定任务上处理问题的能力优胜于人类，它看似是一种智能，但仍未真正实现智能，不具备人的意识和智慧。弱人工智能能够在人为输入数据的基础上代替人类进行一些高重复性、高精度性和高危险性的工作，如智能办公、智能教师等，把人类从繁重、机械的工作中解放出来，在一定程度上节约了人力成本。与此同时，我们也看到，会下围棋的智能机器不一定会下象棋，"专才而非通才"更能体现现阶段人工智能发展的普遍特征。但弱人工智能在各领域的运用完美地诠释了"人的智慧＋机器的智能"的结合，实现了二者的优势互补，对人类的生产生活产生了积极影响。

强人工智能又可以称为"人类级别的人工智能"，它是一种能够真正进行思考的机器智能，具备自己独特的意识，完全独立于人的意识之外，能够自主适应外界环境的变化和挑战。强人工智能是一种在各个方面都强于人类的智能，甚至可以完成人类不可能完成的任务，它的力量是不可估量的。强人工智能在思考问题、进行抽象思维、解决复杂问题等方面，能够像人类对智能的应用一样得心应手。强人工智能的实现涉及人类对思维和意识等哲学和伦理问题的讨论，有学者预言在未来的几十年里，强人工智能无望实现。

超级人工智能是指在各方面都强于人类的智能，也可以说超人工智能具备人类永远无法比拟的优越性。超级人工智能被牛津哲学家、知名人工智能思想家

Nick Bostrom 定义为"在几乎所有领域都比最聪明的人类大脑聪明很多，包括科学创新、通识和社交技能。"

技术赋能为生活提速，技术对人类生活的影响比技术本身的发展更重要。人工智能技术作为一种蓬勃发展的新兴力量，已经渗透到人类生活的各个方面，促进人类教育、学习、商业、办公、金融、零售等各方面的智能化。例如，商业界的 Siri 和 Alexa 语音识别助手，在商业活动中扮演着越来越重要的角色；人工智能帮助进行证券研究，成为帮助金融分析师提高股票覆盖率的关键；机器学习节约了人力成本，使人类从繁重机械的工作中解放出来，大大提高了工作效率。

人工智能时代的到来，对人类生活来说既是机遇又是挑战。人工智能技术经过近几年的快速发展，在语音识别、图像识别、信息处理等方面超过了人类，有专家预测，虽然在通用智能领域，人工智能可能还无法与人类智能相提并论，但在特定领域，人工智能解决问题的能力是优于人类的。然而，技术是一把"双刃剑"，人工智能作为一种技术存在，在为人类带来福利与机遇的同时，势必也会给人类带来一些问题与挑战，[①] 如一些简单体力劳动工作岗位将被智能机器所取代，人类将再一次面临巨大的失业危机。因此，智能时代更能体现对高素质、创新型、智能化人才的迫切需要。

人类进入智能时代是历史发展的必然趋势。在智能科技高速发展的今天，人工智能技术已经深入人类生活的各个方面。将来，人工智能必将持续快速发展并对人类生产和生活产生深远的影响。

二、智化万物：智能时代的显著特征

人类文明进入智能时代之前，其发展历程大致经历了游牧时代、农业时代、工业时代和信息时代（如图 1-3 所示）。

---

① 胡伟. 人工智能时代的教育改革:背景、方向与路径——基于美国人工智能报告的分析[J]. 现代教育技术,2019,29(07):12-17.

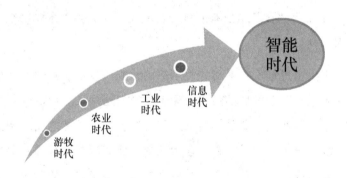

图 1-3　时代发展历程

技术是时代发展的强大动力，每次技术革新都将带来时代的变革。从游牧时代到农业时代，源于种植技术的进步；在农业时代人类正式走入文明，各种农具的使用和家畜的出现为社会创造了相应的财富，随之，手工业和商业也逐渐出现；工业时代包括蒸汽时代和电气时代，主要是对各能源、资源的开发和使用，体现为机器生产代替手工劳动；信息时代是信息技术发展的产物，计算机的出现和普及使信息在整个社会中占据重要地位。现如今，随着互联网、物联网、云计算、大数据、人工智能、区块链等新兴技术的发展，时代发生了翻天覆地的变化，人类生活趋向智能化，人类社会进入一个全新的智能时代，并呈现出许多新的特征。

第一，"智能化"是智能时代最大的特征，同时也是时代的发展趋势。随着智能技术的不断发展，人类步入智能社会的同时，现代人类文明也趋向智能化。一般来说，智能化的"智"即智慧，"能"即能力，而"化"是指事物的发展过程。现如今智能时代的智能化，即指通过智能技术提高智能产品的能力，使其不断适应社会发展要求。随着智能技术的不断深入和发展，家居、办公、学习、生活等多个方面趋向智能化。

第二，实现社会智能化，其中最基础的要素是数据，即实现社会的数据化。数据是人工智能时代的"新石油"，缺乏样本数据的支撑，人工智能难以实现快速发展。人工智能 1.0 时代和 2.0 时代发展的最大障碍之一就在于数据的快速收集、储存和处理难以跟上技术发展趋势而导致其发展进一步下沉。如今，软硬件设备不断优化提升，数据获取及储存量巨大，在海量数据的驱动下，人工智能也由 1.0 时代的搜索、推理到 2.0 时代的知识工程发展，再到 3.0 时代的机器学习。而机器学习是通过算法从大量数据样本中找寻规律并获取知识的过程，是一种数据驱动的方法。因此，智能化社会的一个最基本的特征也必然表现为万物互联的数据化社会。

第三，人机融合共存更加凸显。科学技术发展终极意义是促进人类的解放和自由发展，从此意义上讲，科学技术的发展只有满足人的发展需要才有价值；反之，若科学技术的发展不能为人类的进步做出贡献则是没有意义的。智能时代，人们不仅把自然界作为认识和改造的对象，更是把智能机器以及作为"类"存在的人与"类"存在的智能体作为认识和改造的对象。为避免人类沦为智能机器的奴隶，人工智能的发展仍然需要科学精神的指引，这就必然促使人工智能研发人员自觉地共同遵循伦理责任、安全责任、法律责任和社会责任，把科学精神贯彻于科研共同体的研发过程之中，实现人机融合共存，构建"人类命运共同体"。

第四，智能时代，人类知识的广度和深度达到了前所未有的程度。在人类进入智能时代之前，人类对知识的了解和掌握相对浅薄，大部分仅限于书本知识。人类进入智能时代后，不管是在宏观上还是在微观上，都大大扩展了人类知识的深度和广度，这一切都得益于智能技术的发展和应用。

第五，人工智能技术具有较强的自适应能力。"自适应"就是强调机器的某种智能，智能系统可以自动化地适应外界环境，从而自动为人类解决问题。目前，人工智能技术已经在行走能力、感知能力和自适应能力等方面取得进展，人工智能系统能够自觉适应环境、数据、情景的变化。此外，人工智能系统通过与云端、人、物的扩展连接，使人工智能系统具有较强的适应性、灵活性、扩展性。

第六，"终身学习"的需求与能力更为迫切。"得人才者得天下"，人工智能发展的关键因素在于人，人工智能之争的核心是人才之争。智能时代需要的是高素质创新型人才，对人类的创新能力和创造力提出了更高的要求，除了需要掌握人类文明的基础知识之外，还需要具备相关机器的应用知识和操作能力，如计算机运用能力、信息处理能力等能力，这就需要我们不断增强学习的能力，提升自身的综合竞争力。

近日，华为预测到 2025 年，全国 14％的家庭将拥有机器人，97％的大企业将采用人工智能技术进行生产，同时对以下几方面进行了预测：智能机器人作为机器的同时，也作为人类的"家人"而存在，如护理机器人、仿生机器人等；智能技术能扩展人类的视野，突破时间和空间的局限；全球90％的人将拥有智能终端助理；智能交通系统将对智能城市和智慧城市的建设贡献重要力量；机器人代替人类从事"三高"，即高危险、高重复性、高精度的工作，节约了生产成本；大数据、云计算等智能技术的融合将促进智能时代创新型社会的发展。同时，无障碍沟通、共生经济、5G的加速到来和全球数字治理都在十大预测趋势之内。由此可见，在人工智能时代，人类将从重复的机械劳动中解放出来，有更多的自由时间从事充满创造性的工作，唯有不断学习、自我革新才能更好地生存和拥抱智能时代。

三、技术赋能：人工智能对学习的影响

随着人工智能技术在学习领域的不断渗透，"智能＋学习"促使学习领域产生根本性变革，也使学习中介、学习平台、学习资源、学习角色、学习评价等产生了的革命性变化。与此同时，在智能学习的大背景下更出现了自主学习、个性化学习、自适应学习、"人机协作"式学习、碎片化学习等多种适应智能技术的学习方式和学习方法。

学习中介的变革。学习中介作为影响学习成败的重要因素，要随着时代的发展进行相应的变革。学习中介包括学习方法、学习工具、学习数据和学习环境等多种要素。智能时代的学习中介必须与智能技术相结合，学习方法从单一走向多元化，对智能学习方法的合理使用可以达到事半功倍的学习效果；学习工具作为辅助学习的重要中介，人机协作将在学习活动中占据重要地位；在学习数据方面，大数据思维导致从因果关系到相关关系的思维转变；学习环境也从固定、有限走向灵活、无边界。

学习平台的变革。人类进入智能时代之前，学习者的学习平台大多局限于线下学习和课堂学习。当下的学习在融入智能元素后，对传统学习平台进行了相应

的变革和创新，出现了智能学习平台，随之出现了大量在线学习课堂，如MOOC、学习强国等。在智能时代下，人类的学习朝着智能、多元、个性、协同等方向发展，集资源共享、智能搜索、语音识别等功能于一体的智能学习平台，成为学习领域重点开发和研究的项目。智能学习平台对学习者来说具有一定的新颖性，能激发其学习的积极性，保持其好奇心。因此，智能时代对智能学习平台的充分利用可以实现学习者"线上与线下""课堂内与课堂外"的结合，提升学习效率和效果。

学习资源的变革。智能时代，人类的学习资源正在发生变革，智能学习资源在智能时代的学习领域中占据着重要地位，学习资源的智能化是新时代学习领域的一大发展趋势。智能技术的发展和学习理念的更新是驱动学习资源变革的重要动力。智能时代的学习资源不像传统学习资源局限于教材知识，开放性、共享性、生成性、碎片化等是智能学习资源的重要特征。智能时代，人类要跳出传统学习资源观，结合时代特点树立智能学习资源观，智能学习资源的变革在学习革命中发挥着重要作用。

学习角色的变革。在传统学习活动中，教师是学习活动的中心，学习者一直处于被动地位，老师占据着主导地位，这种师生角色不利于学习活动的开展和学习效果的提升。在智能时代，学习者的主体地位被凸显，智能时代学习者的角色由知识的被动接收者转变为主动构建者，由学习者转变为思考者，由学习资源的从属者转变为操控者，由被教育者转变为自我教育者，由被评价者转变为自我评价者，真正体现出"以人为本、以生为中心"的原则。

学习评价的变革。学习评价本身是一种学习活动，是学习过程中的一个重要组成部分，智能时代要对学习评价实现由一维到多维的变革。智能时代建立起的智能评价体系，确保评价主体多元化、评价方式多样化、评价标准多层次化和评价结果个性化。

智能时代的学习区别于传统学习最大的特征就是智能化，同时也凸显出时代特色。智能时代的学习在学习活动中融入了智能技术，对传统学习进行革命，进而达到最佳的学习效果。自主学习、个性化学习、自适应学习、"人机协作"式学习、碎片化学习等，这些在智能时代下新出现的学习方式和方法，拓宽了人类学习的新路径。

学习者进行自主学习是智能时代学习的终极目标。智能时代的学习能使学习者摆脱对老师的依赖心理，借助智能技术实现从机器学习到深度学习，再到自主学习的最终目标。构建主义认为，自主学习是指学习活动以学习者为中心，让学习者通过外部学习环境自主构建知识体系，也就是将外部知识内化的过程。学习者进行自主学习的同时也是在进行探究式学习，因此培养和锻炼了学习者的自主学习能力和探究能力，从而提升学习者创造性思维和创新能力——这正是智能时代科学、经济和社会发展必须具备的核心能力。

我国正处于机器学习和深度学习向自主学习的过渡阶段，要实现自主学习，就必须具备以下条件：首先，为学习者的学习提供一个智能化的学习平台，也就是让学习者拥有一个智能化的学习场景；其次，为学习者打造一个能够进行自主学习的虚拟学习环境，这个虚拟学习环境应尽可能地与现实环境一样，使学习者达到和现实世界一样的情感体验；最后，必须对机器植入人工神经网络，构建一套机器能够自觉适应学习者的知识框架和知识结构。

智能学习的显著特性在于能根据每个学习者的个性差异，促进个性化学习。智能学习系统通过对学习者的学习进度和反馈信息等数据的分析，进而为其推荐适合学习者的学习内容，使学习者不断调整自己的学习进度。学习者通过在学习活动中自主发现问题、分析问题、解决问题、总结经验，最终形成个性化的学习方式。智能学习系统相当于一个循环体系，循环往复地为学习者调整学习状况，激发学习者的求知欲和学习兴趣，使学习效果达到最优化。

与个性化学习相近的还有自适应学习。自适应学习是指智能学习系统具有较强的自适应能力，它既可以适应外部学习环境，又可以适应学习者的个体差异。智能学习可以根据学习者的知识背景、兴趣爱好、学习习惯、学习策略等特征，自动适应学习者的学习情况和学习环境，进而为学习者提供虚拟的学习环境、学习案例和适应学习者发展的学习内容，它在一定程度上赋予学习者主体地位，让学习者自主学习。

"人机协作"式学习是智能时代人类学习的重要方式之一。不论是在学习领域还是在其他领域，人类和机器的合作越来越重要（如图1-4所示）。人类和机器在不同领域表现出不同的优势：机器在记忆能力、信息收集、分析、处理能力等方面具有人类无法比拟的优越性；人类在情感处理、逻辑推理等方面占据优势。"人机协作"式学习能够实现人的智慧和机器智能的优势互补，从而达到最佳学习效果。

图1-4 人机协作①

智能时代碎片化学习成为普遍现象。打破时空局限的随时随地的碎片化学习有助于全民学习、终身学习的实现。碎片化学习是继移动学习和泛在学习之后，出现的一种新的学习形式，其产生是社会发展的必然结果，也是新时代背景下学习者获取知识的必然途径。随着智能技术的高速发展，手机、平板电脑等各种移动终端的普及和运用，微博、微信、短视频等多种智能App的出现，以及4G网络的全覆盖和5G的运行，为人类的"时时学习、处处学习"提供了技术支撑和条件支持，进而使碎片化学习越来越被学习者所接受，甚至成为大多数人的主要学习方式。

手机作为碎片化学习的主要移动媒介，备受现代学习者的青睐。由于手机具有价格相对较低、屏幕扩大、功能增多、便于携带等特点，成为人类进行碎片化学习的主要媒介，而且利用手机进行碎片化学习也成为智能时代人类生活必不可少的一部分。根据中国互联网络信息中心（CNNIC）在北京发布的第44次《中国互联网络发展状况统计报告》显示，截至2019年6月，我国网民规模达8.54

---

① 图片来源：http://www.aikf.com/aikefu/uiFramework/commonResource/image/2017101611425236786.jpg

亿，较 2018 年年底增长 2 598 万；互联网普及率达 61.2%，较 2018 年年底提升 1.6%。① 大学生是利用手机终端进行碎片化学习的主要学习成员，"00 后"作为智能时代的"原住民"，碎片化学习成为他们除学校的课堂学习之外最主要的学习方式。

智能时代，碎片化学习具有学习时间碎片化、学习空间碎片化、学习内容碎片化等特点，促使学习者的学习时间和空间由固定、封闭走向无边界。在智能技术高度发展的智能社会，碎片化学习成为普遍现象，有利于智能时代全民终身学习的实现和学习型社会的架构。

在智能新时代，人工智能技术赋能学习，学习的革命正在进行，并将持续进行着。

---

① 中国互联网网络信息中心. 第 44 次中国互联网网络发展状况统计报告[R]. 2019-08-30.

第二章

新时代新学习：
智能学习的特征与价值

智能学习：智能新时代学习的新形态

"一个中心，两个基本点"：智能学习的特点

智能学习的价值：个性化学习与自主学习

新方法论：如何利用好智能学习

人类今天所处的时代，是一个智能技术广泛渗透、人类社会深度数据化和智能化的时代。在这个新时代，人类的学习出现新的学习形态——智能学习。智能学习呈现出新的特征和价值，导致传统学习的变革，产生新的学习理念、学习方式和学习方法。

一、智能学习：智能新时代学习的新形态

2016 年 3 月，人工智能阿尔法狗（AlphaGo）打败世界围棋冠军李世石后，人工智能再一次进入公众视野，引发广泛热议。这也在提醒我们，人类已逐渐步入智能新时代。随着智能技术的快速发展，人类生活的各个领域因为互联网、大数据、人工智能、云计算、区块链等智能技术的渗透，产生了新的变革。学习，这一对技术变革十分敏感的领域，也出现了一种新的学习形态——以智能技术为基础的智能学习。智能学习作为一种新型学习形态，利用大数据、互联网和人工智能对学习者的学习行为数据进行收集、分析和反馈，展现出非凡的生命力。

学习伴随着人的一生，从呱呱坠地到牙牙学语，从入学求知到终身实践，学习从未间断。学习作为人类获取知识、习得技能、认识世界的最佳方式，已成为人们日常生活中不可或缺的重要内容。如今，我们处于智能新时代，只有不断转变学习理念、创新学习方式、利用智能环境不断学习，才能充实原有知识结构，促进自身的发展，满足智能社会发展对人才的需求。

学习有广义和狭义之分。广义的学习是指人类社会和动物世界的一切学习活动，指人和动物在生活过程中，通过获得经验而产生的行为或行为潜能的相对持久的行为方式；狭义的学习主要是指学习者的学习，是通过阅读、观察、理解、实践等手段获得知识或技能的过程，是一种使个体可以得到持续变化的行为方式，同时它还是在教师的指导下有目的、有计划、有组织、系统性的学习活动，如通过学校教育获得知识的过程。这里，我们从狭义的学习与智能的结合入手，而后衍生到广义的学习，最终回归到终身学习理念。

在智能新时代，随着人们对学习重视程度的增加，教师的教学压力和学习者的学习压力以及竞争力也在逐渐增加。如果没有相应的技术或措施来应对这一变化，"低效高负"的现象将出现在学习活动中。因此，学习效率的提高将是学习领域面临的首要问题。而人工智能与学习的结合，是解决这类学习问题的重要路径之一。

人类进入智能时代得益于人工智能技术的发展。"人工智能＋学习"的结合产生了各种智能学习软件和智能学习终端，如点读机、学习机和学习机器人等，实现了"线上与线下""课堂内与课堂外"的结合。学习者在人工智能技术的帮助下，一方面能够实现由被动到主动的学习，通过自我学习发现问题、提出问题，自己去思考或者与同伴讨论，甚至进行人机协作学习，从而解决问题；另一方面，线上的学习能够实现与线下的同步，课外的学习能够实现对课堂的扩展，从而提升学习效果。

美国哈佛大学著名学者霍华德·加德纳（Howard Gardner）在 1983 年出版的《智力的结构：多元智能理论》中提出多元智能理论（The Theory of Multiple-Intelligences，MI）。加德纳从"智力应该是在某一特定文化情境或社群中所展现出来地解决问题或制作生产的能力"的定义出发，提出人类至少存在八种智能，每一种智能只代表着区别于其他智能的独特思考模式，但这些智能是相互依赖、相互补充的。八大智能分别为：语言智能、数学逻辑智能、空间智能、身体运动智能、音乐智能、人际智能、自我认知智能、自然认知智能（图 2-1 所示）。

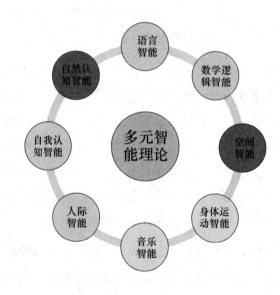

图 2-1　加德纳多元智能理论

语言智能是指能够用口头语言或文字表达自己的思想、情感并理解他人的能力，对语义、语法、语音等各种能力能够达到运用自如的地步；数学逻辑智能是指进行逻辑运算、复杂思维、推理、归纳、分析的运算能力；空间智能是指能够感知空间和周围的一切事物的能力，并且能够以图像的形式将感知的空间事物展现出来；身体运动智能是指灵活地运用身体来表达思想、情感，并且运用双手制作或者操作物体的能力；音乐智能是指对音律、音调、音节、音色等具有敏锐的感知能力，具备音乐智能的人天生就具有音乐天赋、表演、创作等能力；人际智能是指善于理解他人、能够和他人友好相处的能力，具备人际智能的人能够很好地捕捉到他人的情绪、情感，并且能够对人际交往中的不同情景做出适当的反应；自我认知智能是指能够善于认识自我，并且对自己的行为做出反思的能力，具备自我认知智能的人清楚自己的优势和劣势，认识到自己的独特性格；自然认知智能是指善于观察自然界中的各种事物，并且能够对事物进行辨别和分类的能力。

加德纳多元智能理论为智能时代的学习提供了一定的理论基础，它强调通过探究式学习去启发、诱导学习者思考问题和解决问题，能够帮助教师和学习者更好地理解智能的特点和优势，使其真正促进学习者智能的全面发展。这也正呼应了本节的主旨——"人工智能＋学习"，将学习置于人工智能大背景下，会更有利于学习者的全面发展。

智能学习是在以互联网、大数据和人工智能等技术支撑下进行的学习。人工智能的英文缩写为 AI，亦称机器智能（如图 2-2 所示），它是由人的智慧模拟人的大脑的神经网络所创造出来的智能，它是研究并开发用于模拟、延伸、扩展、增强人的智能的理论、方法、技术及应用系统的一门新的技术科学。人工智能自诞生以来，理论和技术日益成熟，应用领域也不断扩大，可以设想，未来人工智能带来的科技产品，将会是人类智慧的"容器"。

智能技术下催生出的智能学习，是将互联网、大数据和人工智能与学习充分融合的一种模式，不脱离传统的学习但却超越其本身的一种新的学习模式，在一定程度上促进学习的变革与发展。智能学习是学习者集中精力于学习主题，通过借助各种智能终端设备或学习平台访问个人学习空间或学习系统，选择最适宜资源，获取最适配学习任务，实现自我诊断、自我评价、自我决策、自我导向的主动学习。与传统学习活动相比，智能学习实践活动的特性体现在学习目标高阶化、资源共享开放化、学习交互虚拟化、学习路径个性化、评价多元智能化。①

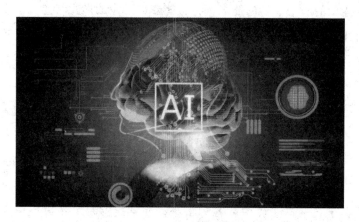

图 2-2　人工智能②

任何学习系统都包含主体、客体、中介三大要素。主体通常为进行学习活动的学习者，客体是指学习活动中所需要的学习内容，中介指学习活动中所需要的工具或手段，工具或手段的转型升级必然会带来相应学习方式的变化。

智能学习与传统学习的关键区别在于使用的工具手段不同。智能学习以智能设备为支撑，智能设备能以数据形式记录学习者的学习行为和学习轨迹，根据技术分析结果给予适当的学习建议，从而帮助学习者做出更理智的决策。

人工智能还衍生出了机器学习（Machine Learning，ML）和深度学习（Deep Learning，DL）等概念，三者关系如图 2-3 所示。机器学习是人工智能的核心，是使计算机具有智能的根本途径，其应用遍及人工智能的各个领域，它主要适用于归纳、综合而不是演绎。深度学习是机器学习领域中一个新的研究方向，它是人工神经网络的一个研究概念，只适用于计算机、人工网络方面。

这里所探讨的智能学习是将人工智能与学习相结合，是在互联网、大数据和人工智能背景下对传统学习方式的变革，为智能时代的学习注入新时代的活力。

学习是一个永恒的话题，而智能学习是一种融合多种理论、方法、技术和活

① 王红艳. 智慧学习：内涵、特性与能力要求[J]. 韶关学院学报，2019，40（01）：99-103.

② 图片来源：http://file.elecfans.com/web1/M00/8B/37/o4YBAFyUL6yAPyAqAAEFCsHj900700.jpg

动的复杂系统。我们应欣然接受智能时代学习的新形态，努力把握人工智能浪潮下智能学习的发展趋势，并认识到智能学习所面临的挑战，从而推动人工智能与学习的深度融合和快速发展。

图 2-3　人工智能、机器学习和深度学习的关系

二、"一个中心，两个基本点"：智能学习的特点

智能学习是对传统学习的突破和变革。在大数据的驱动下，智能学习能够实现人机交互和人机协作。传统的学习通常以教师为中心，忽略了学习者的主体地位、个性特征和智力差异，不利于学习者个性化发展和潜能的挖掘。智能学习通过利用新兴技术，融入了学习者的个性化因素，挖掘学习者各方面的潜能，促使学习活动适应学习者的发展和学习需要。智能学习借用新型信息技术对传统课堂学习流程赋予新的内容，扩展学习内涵，实现学习过程的智能化转向。

智能学习必须立足于"一个中心，两个基本点"（如图 2-4 所示）。"一个中心"指智能学习活动以学习者为中心；"两个基本点"指智能学习活动要充分发挥学习者的主观能动性，并强调学习者的自主学习。

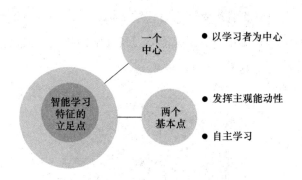

图 2-4　智能学习特征的立足点

智能学习更强调个性化学习。由于教师的时间和精力都是有限的，传统班级授课制无法照顾到每个学习者的情况和特点，每个班级都是以统一的标准来要求学习者，很难实现学习者的个性化学习。然而，智能学习借助大数据技术使个性化学习成为可能。学习者在进行学习之前，大数据系统会对学习者的性格特征、知识基础等各种背景信息进行收集和分析，让学习者根据测评结果选出最适合自己的学习方式；在学习过程中，智能学习系统会对学习者的学习结果随时进行检测分析、适时调整，之后再根据得到的反馈信息，为每个学习者量身定制学习方案，从而实现个性化学习。

智能学习具有较强的感知和记忆能力。感知是指对外部世界的感知和信息的获取，是进行智能学习的前提条件；记忆则是把感知到的外部信息储存在以互联网和大数据为基础的群体智能中，同时智能学习能够根据已有的知识储备对知识进行预测、分析、比较，以期达到最佳的学习效果。人的多元智能是相互联系而存在的，但各个智能的发展是有差异性的，智能学习通过感知和记忆对学习者进行针对性的指导，使个体的多元智能获得最大限度的开发和发展。

智能学习具有较强的自适应学习能力。自适应学习是联合机器学习算法与大数据分析，将人工智能与学习充分融合的一种学习模式。[①] 在传统的学习活动中，学习者的适应能力较差，智能技术与学习的融合能够弥补传统学习活动中的不足，促使学习者由消极被动的学习转变为积极主动的学习。智能学习具备的自

---

① 张旭．人工智能背景下高职教育自适应学习模式可行性及发展路径研究[J]．信息记录材料，2019，20(06)：232-234.

适应学习能力，不仅能够根据学习者已有的知识基础选择适合学习者的学习内容，而且还能利用大数据对学习过程进行分析，为学习者推荐个性化的学习方式。

智能学习是智能与学习的集合体。智能与学习是两个完全不同的概念体系，但这并不意味着二者是分离的，相反二者是相互联系、密不可分的，尤其表现在学习活动的中介手段上。学习活动需要依赖新兴技术才能具备活力，从而与时俱进；而智能也需要以学习为载体，才能展现出其力量。智能与学习是相互作用、相互促进的，这也是智能学习的重要特征之一。

智能学习源于现实又高于现实。由于学生生理和心理成长的特殊性，家长、日常生活以及社会环境对儿童的智力学习都具有极大的影响。因此，除学校的系统教学外，家长、日常生活和社会环境在智能学习过程中是极为重要的方面。[①]日常生活中的点点滴滴都与学习有着密切的联系，如婴儿从出生开始学习走路、说话，再到后期有意识地模仿大人的行为，皆是学习。智能学习来源于现实又高于现实，需要充分考虑家庭、社会、技术等综合因素，站在全局的角度，统筹兼顾，为学习者制订最佳的学习方案。

智能学习更注重培养学习者的创造力和思维能力。智能学习是以充分挖掘学习者潜能、培养具有创造力和思维能力的人才为目标。布鲁姆将教学目标分为六类，即知识、领会、应用、分析、综合、创造。其中，"知识、领会、应用"通常是发生在较低认知水平层次的心智活动及认知行为，其对应的是低阶思维能力；而"分析、综合、创造"是发生在较高认知水平层次上的心智活动或认知行为，它对应的是高阶思维能力。[②] 智能学习是在注重传统学习实际应用的基础上，更注重学习者的创造力和思维能力的培养，如条理性思维、综合性思维、批判性思维和创造性思维等。

智能学习具有更强的引导性功能。教师对传统学习活动的引导功能需要花费大量的时间和精力，并且结果还不尽人意。智能学习能更好地引导学习者在浩如烟海的知识库中便捷、迅速、精准地找到自己的知识定位，并且通过人机交互、

① 张力. 浅谈多元智能学习与学前教育[J]. 辽宁师专学报(社会科学版),2008(02):51-52.

② 王红艳. 智慧学习:内涵、特性与能力要求[J]. 韶关学院学报,2019,40(01):99-103.

智能系统留下的各种数据，为学习者及时提供反馈信息，促使学习者不断改进自己的学习方案，调整学习进度。

智能学习的交流倾向虚拟化。在传统学习活动中，师生之间的交流更多的是面对面进行，并且多以教师为主导，学习者大多处于被动学习的状态。与传统学习活动相比，智能学习的虚拟化程度较高，它是通过虚拟的在线学习课堂来分析学习者学习行为的数据，为每个学习者制定适合自身需求的学习程序，为其分配不同的学习任务，列出不同的学习方式，一切学习活动都是在虚拟的环境中完成的。当然，这种虚拟的学习环境对学习者来说缺乏外在的约束力，因此对学习者的自控力和自制力的要求更高（如图 2-5 所示）。

图 2-5 智能学习交流虚拟化①

总之，智能学习是对传统学习的变革与创新，它在强调学习者中心地位的同时，还注重发挥学习者的主观能动性，促使其在智能环境下自主学习。在人工智能时代，智能技术与学习的深度融合有助于达到最佳的学习效果。

三、智能学习的价值：个性化学习与自主学习

人工智能和机器学习这一新兴技术，正在改变教育行业的未来。由于现在的学习方式还处在传统学习和智能学习并存与过渡的时期，存在一些不足之处。因

① 图片来源：http://fs10.chuandong.com/upload/images/20160401/1D1925C1975D35E7m.png

此，人们希望通过借助智能技术来解决学习和教学活动中存在的问题。

人工智能具有提高效率、实现个性化、节约人力成本和简化管理任务等优势，而智能学习正是利用机器和教师的优势，经过双方共同努力，为学习者的学习带来最佳效果。智能学习对新时代学习方式的变革具有一定的促进作用，其价值主要表现在以下几个方面。

智能学习能有效地消除学习者的心理负担，增加学习者的自信。性格内向、胆怯、不自信的学习者由于在传统课堂上因为缺乏自信、怕表现不好受到老师的批评或者觉得同学们会投来异样的眼光，使他们有想法而不敢表达。时间一长，会给他们造成沉重的心理负担，不利于学习成绩的提高和心理健康发展。智能学习能在一定程度上消除学习者的胆怯心理，使他们能够自由、轻松地讨论交流，增强他们的自信心。

智能学习能够满足学习者个性化学习需求，促进学习者个性化发展。个性化教学是教育工作者多年来的首要任务。由于教师的时间和精力有限，班级授课制下的教学模式不太可能做到尊重每个学习者的个体差异，但智能学习允许差异化学习的存在并且能够满足学习者的个性化需求。美国的 Carnegie Learning 和 Third Space Learning 这两个学习网站就是很好的例子，通过自建的大数据网站对学习者的情况进行系统的分析，从而为教师提供反馈信息，让教师更好地了解学习者的学习情况，以便针对性地进行教学。智能学习利用大数据对学习者进行先诊断、后学习、再巩固（如图 2-6 所示），从而使教师和学习者适当调整教学和学习方案，提升学习效果。

智能学习使因材施教真正成为可能。因材施教不仅是教育活动的重要原则，而且是创新学习的重要方面。"因材施教"的教学方法能够启发学习者的学习，能够提高他们自主学习能力和培养发散性思维，还能够调动他们学习的积极性和主动性。由于每个学习者的智力和性格特征存在一定的差异性，他们对知识的接受程度也是不同的。因此，智能学习在强调教育面向全体学习者的同时更要尊重每个学习者的个性特点，智能学习系统能够针对学习者的兴趣偏好、认知水平、学习行为等表现随时进行记录，^① 从而实现因材施教和因人而异的教学目的。

图 2-6　智能学习中大数据的作用

智能学习能培养学习者的自主学习能力。由于智能学习与传统学习不同，它具备普通教具所不具有的智能性作用，能将游戏引入学习中，让学习者快乐学习。诚然，兴趣是最好的老师。只有学习者自己喜欢，才愿意主动学习。智能工具的辅助功能激发了学习者的自主思考能力，学习者能主动发现问题并想办法解决问题。究其本质，也是启迪了学习者的想象力和探索力。机器人具有人的智慧和人的部分功能，将人工智能的智慧融入学习中，寓教于乐。

智能学习能够改善学习方式和教学方式。在传统的学习模式下，教师需要花费大量的时间和精力对学习者平时的表现、家庭作业和考试成绩评分。如今智能技术对学习活动的介入，能够减轻教师的工作量，同时为缩小学习差距提供合理建议。智能学习还能为课外学习活动提供智能支持。大多数家长在结束一天忙碌的工作之后还要辅导孩子的作业，然而智能学习能够轻松应对这些问题，为家长分忧。因此，人工智能与学习的结合，能够很好地促进学习方式和教学方式的变革。

智能学习能全面反映学习者的学习情况，增加教师、家长对学习者的了解。智能学习系统建构的是数据驱动的智能学习环境，能够将学习者的学习行为可视

---

① 张旭．人工智能背景下高职教育自适应学习模式可行性及发展路径研究[J]．信息记录材料，2019，20(06)：232-234．

化地展示出来。大数据对学习者各个学习阶段的动态监测所得到的数据是客观实际的，因而教师、家长均可以更好地了解学习者各方面的情况，为培养学习者做出更好的指导，更有利于提升学习者的学习效果。从交流沟通的角度来看，也更有利于教师和学习者、家长和学习者之间的沟通交流。作为非同龄人的教师和家长，始终与孩子隔着一条鸿沟，难以走进孩子的内心，在这一点上，智能学习就成了教师和学习者、家长和学习者实现沟通交流的纽带。

智能学习对全民学习和终身学习的实现有很大的推动作用。智能学习使所有人都能获得平等的学习机会，即使是来自不同国度和地域、说着不同语言的学习者，也不会被区别对待，如智能学习根据学员的智能化信息创建不同的字幕以适应不同学习者的需求。智能学习的推广和运用对于因病无法上学，或者处于不同的学习阶段，抑或是特殊学习者，皆提供了学习的可能。智能学习可以突破时间和地域的限制，使每个人在每个阶段皆有受教育的权利，体现了教育公平的理念，对全民学习和终身学习的实现有很大的推动作用，从而有利于构建新型智能学习型社会。

智能学习促进学习评价体系的多元化。课程评价既是学校教育活动的基本环节，也是保证学校教育活动沿着正确方向发展的重要手段。然而，由于长期受传统教育理论和应试教育的影响，我国现行课程评价体系出现了诸多问题，如过分强调甄别与选拔功能、片面强调相对性评价标准、过分注重可以量化的内容、缺乏有效的评价工具和方法等。智能学习以新兴技术为手段，以收集来的大数据信息为基础，实现评价体系多元化（如图 2-7 所示）；智能学习时刻关注学习者学习情况的变化，用发展的眼光看待每一个学习者，做到以学习者为中心，切实为学习者着想；智能学习不只是监测学习者的学习成绩，而是更加注重对其综合素质的考察，有利于促进学习者的全面发展；智能学习摆脱了过去评价主体、标准、方式、结果单一的情况，形成了智能评价系统，使评价结果更具公正性和参考价值。

学习智能化已经逐渐成为当今智能新时代学习的发展趋势，更多的人工智能技术在学习领域的应用将对学习产生革命性的影响。人工智能导师、智能内容开发以及通过虚拟技术提供学习者个人发展的新方法等，使人工智能与学习的结合更加紧密，由此而衍生出来的智能学习的价值是持续性的，也是变革性的。

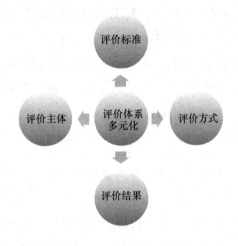

图 2-7　多元化的评价体系

四、新方法论：如何利用好智能学习

人工智能的大浪潮于我们而言，既是机遇，又是挑战。如何把握机遇、迎接挑战是每个学习者面临的重大问题。我们必须厘清技术与学习的深刻关系与内在逻辑，从主观与客观两个方面来探讨如何更好地利用智能学习。

（一）学习者方面

不管在何种学习模式下，都必须立足于"学习者是主体，教师是主导"这个原则。任何学习活动都要赋予学习者主体地位，发挥教师引导作用，注重培养学习者的自主学习能力、合作学习能力和探究学习能力等多种综合能力，激发其求知欲。智能时代下，学习者和教师两个主体的共同努力，能使智能技术更好地作用于学习。

作为当代学习的重要方式和未来学习的发展趋势，学习者要加深对智能学习的接受程度。人工智能属于新兴技术，涉及人工智能初步数据管理分析以及数据与数据库等模块，很多学习者对这些技术层面的认识是知之甚少的。面对新兴智能技术，我们不能排斥它，应该积极主动接受它、了解它，形成较为清晰的认知，并逐渐扩大对智能学习的接受程度，只有在意识上真正认可它，才能更好地利用它。此外，对人工智能相关知识的学习是智能学习的前提和基础，因此学习者还要加强对人工智能相关知识的学习，掌握计算机、互联网、大数据等基础知识，这样有利于更有效地了解和接触人工智能。

学习者要自觉培养自主学习意识。朱熹在《观书有感》中写道："问渠那得清如许，唯有源头活水来。"在智能学习的大背景下，学习者要想成为社会所需要的全方面发展人才，就需要加强自主学习能力的培养。自主学习能力就如同朱熹写到的"源头活水"，是知识永葆生机的源泉。因此，只有抓住这个源头活水，才能够追随不断变化发展的智能新时代的步伐，才能够成就自我。当然，在智能环境下提高学习者的自主学习能力不是一蹴而就的事情，需要长期积累，逐步提升。

自主学习能力的培养可以从以下三个方面入手：首先，改变学习者对学习观念的理解，充分认识到自主学习是有利于学习者成为智能社会人才的有效途径；其次，根据教师的教学目标结合自身发展实际，制定符合自身自主学习发展的详细规划，根据规划有目的地开展阶段性自主学习；最后，利用网络技术、大数据技术对学习者自主学习结果进行评价，对自主学习过程中出现的问题进行分析，找到需要改进和完善的地方，客观地评价自己的学习效果，从而更好地实现自己的学习目标。① 在大数据时代背景下，只有树立终身学习的理念，培养自主学习意识，具备自主学习能力，才能够实现自我的可持续发展。

面对新的学习方式，学习者更要增强学习的自信心。自信心是发自内心的自我肯定与相信，自信心是走向成功的必要条件，是对自我优势的一种认可，它表现为成功完成某件事情的自信程度以及对自我评价的积极态度。在以往的学习活动中，学习者通过平时表现、考试成绩和他人的赞扬或认可来树立自信心。在智能时代，学习者更要借助技术优势来增强自信心。在智能学习中，自信能够促进学习效率的提高，能使学习者更频繁并且主动地使用智能设备进行学习。

---

① 丁莉．"互联网＋教育"时代背景下大学习者自主学习能力的培养分析[J]．科技风，2019(20):67-68.

（二）教师方面

教师要正确教育和引导学习者进行智能学习。互联网、大数据、人工智能都是把双刃剑，智能学习也有利有弊。智能学习在各中小学的普及学习效果并不明显，经过调查发现，很多学习者打着学习的名号却做着其他事情，如听歌、打游戏、刷抖音等。针对这种现象，教师应加强对学习者智能学习的教育和引导，可以通过讲座、校园宣传栏、主题班会、网络平台公众号等渠道推广相应的信息，加大对智能学习方式的宣传，从而促使学习者养成良好的学习习惯，形成良好的学习动机，提高其自制性。

教师要培养学习者的交流合作能力。人工智能为人类的学习提供了无限的可能性，并使学习活动突破了学校和课堂的局限性，从传统的线下逐步走向线上，从课内走向课外。学习活动范围的扩大使学习者之间的交流协作方式也产生了相应的变化。在智能学习环境中，学习者的交流互动不再是面对面进行，而是在虚拟环境下进行，这就要求学习者应具备在虚拟环境中进行无障碍交流的能力。同时，在智能学习环境中，学习协作也不再仅局限于班级以内，而是在智能技术的推动下逐渐向无边界扩展。智能学习借助各种智能设备、智能平台以及各种通信技术，使学习者不仅能与同地域、同学科的学习者进行协作学习，还能与跨学科、跨地域的学习者进行协作学习，从而构建综合化和个性化的人际学习网络，并实现自身外部社会学习网络的不断优化和发展。

教师要培养学习者对智能工具的使用能力。智能学习借助智能工具与智能技术来实现认知加工、发展和知识迁移，因而智能工具的使用能力是进行智能学习的最基本能力。[①] 智能工具使用能力包括对智能工具的操作能力、学习资源的获取能力、学习资源的处理能力和学习者个人的智能管理能力等。智能时代下的学习更强调学习者的自主学习，因此，不仅教师要具备对智能工具的使用能力，学习者更应该具备这种能力。教师对学习者智能工具使用能力的培养在很大程度上影响着学习者智能学习的效果。因此，教师在培养学习者之前要加强自身对智能技术的学习。

---

① 王红艳.智慧学习:内涵、特性与能力要求[J].韶关学院学报,2019,40(01):99-103.

（三）条件方面

智能学习只有学习者和教师主观的努力是远远不够的，如果没有客观条件的支持，学习活动也很难开展。智能学习平台的建设、优质学习资源的开发、硬件设施的完善等为智能学习的顺利开展提供了外在的支持条件。

构建智能学习平台。智能学习平台的建设是决定智能学习成败的关键，是进行智能学习的前提和基础。因此，智能时代要实现对智能学习的合理利用，第一步就是要搭建智能学习平台。智能学习平台的搭建使学习者的学习活动走出校园，为课外学习和线上学习提供了无限的可能性。

加强优质学习资源的开发。优质学习资源的开发决定着学习内容的质量，是进行智能学习必不可少的重要条件。大数据背景下的学习平台的建设也是智能学习资源实现最大化共享的关键，智能学习平台的建设和优质网络学习资源的开发必须做到两个严格把关：一是对智能学习网站和学习平台的建设严格把关，确保学习网站和平台的安全性；二是对网络开发的学习资源，包括文字、图片、视频、音频等严格把关，保证资源的正确性和科学性。学习平台和学习资源会对智能学习产生直接影响，所以在智能学习平台的建设、优质网络学习资源的开发上不能有丝毫马虎。

完善智能学习的硬件设施。目前，有的学校并没有实现无线网络的全覆盖，并且对以手机为主的智能移动设备持排斥心理，杜绝手机进入学校或者课堂，而这种杜绝手机的现象在一定程度上意味着杜绝智能学习进入课堂。此外，虽然有些学校在课堂上成功引入了智能设备（如手机、iPad 等），但很多学习者的智能学习受限于电子设备电池不耐用、内存小等问题。由此可见，不完善的硬件设施将大幅度降低人们对智能学习的使用程度，从而不利于学习者学习效率的提高。因此，学校应该采取措施完善智能学习的硬件设施设备，如学校可以发布相关文件提倡在课堂中引入智能手机；通过与通信运营商合作，实现学校 5G 网络全覆盖，并且保证网络的安全性和网速；也可以与手机开发商合作，专门生产适合学习者进行智能学习的手机，提升手机电池的耐用性能以及扩大内存。学校对各种硬件设施的完善能够为学习者的智能学习提供便利，提升学习效果。

　　时代在不断进步，技术也在不断发展，人们对学习越来越重视，全民学习、终身学习成为社会潮流，智能学习也将成为人类学习的必然。如今，智能学习体系尚未发展成熟，这需要学习者、老师、学校以及其他主体的长期共同努力。无论是从意识、思想到能力，都应该紧跟时代的步伐，充分发挥智能与学习相结合的优势，才能在人工智能大浪潮中抓住机会，不断进步。

第三章

智能时代学习的变革：
传统学习痛点的反思

班级授课制：对学生个性化的忽视

应试教育：特点与弊端分析

智能学习新趋势：知识更新的速度与智能学习的价值

学习模式被颠覆：智能时代传统学习的变革

班级授课制、应试教育等传统学习模式在教育体系中占据着重要地位。但是，随着人类社会步入智能时代，传统学习模式的弊端和不足逐渐显现出来。在传统学习模式中，学生大多是消极被动地接受知识，并非积极主动地参与到学习过程中，未能达到自我教育的状态。这作为传统学习的一大痛点，需要认真反思，并在智能学习下进行变革。

一、班级授课制：对学生个性化的忽视

班级授课制作为当前世界各国教育中采用的主要教学形式，其发展在中西方都经历了漫长的过程。

公元前 1 世纪，古罗马在昆体良的推崇下实行分班教学，但由于当时的分班教学缺乏理论指导和论证，并没有被推广，只是处于萌芽状态。西欧中世纪，由于学校注重个别教学和指导，分班教学并没有被采纳。16 世纪，西欧在宗教改革运动以及机器大生产代替手工劳动的大背景下，班级授课制开始在学校教育中试用。17 世纪，捷克教育家夸美纽斯在总结学校教育经验的基础上系统地提出了班级授课制，为当时的工业革命培养了大批人才，而后在赫尔巴特等教育家的论证和完善下逐渐发展起来。

我国著名教育家孔子首次提出"有教无类"的办学方针，开创私人讲学，他认为人人都有平等接受教育的权利。西汉时期，太学发展兴盛，出现了集体授课的形式。宋代的"三舍法"和明代的国子监都显露出班级授课制的萌芽，但由于缺乏具体的实践和思想整合，并没有形成完整的理论体系。随着清代末期的教育改革，班级授课制在我国迅速发展起来。随后，我国于 1862 年创办的京师同文馆首次采用了班级授课制这一教学组织形式。在之后的历史发展过程中，尽管经历时代变迁后的教育内容发生了很大的变化，但这一教学形式一直沿用至今。

班级授课制是一种集体教学形式，是指把一定数量的学生按照年龄和知识掌握程度编成固定的班级，每一个班级的学生、课程、教师和教室都是固定的。班级授课制是由教师按照固定的授课时间和授课顺序，根据教学目的和任务，有计划、有组织地向全班学生集体授课的教学形式。班级授课制相对于之前的个别化教学而言，更利于教师的教学管理和师生以及生生之间的交流、合作。

班级授课制具有学生固定、教师固定、教室固定、时间固定、内容固定等特点（如图 3-1 所示）。学生固定是指学校按照学生的年龄和知识背景组成固定班

级；教师固定是指学校按照教师的教学风格和能力特长为教师分配固定的教学任务和教学班级；教室固定是指学生的上课地点和教师的教学地点是固定不变的；时间固定是指学校有固定的作息时间表，上课时间是固定的；内容固定是指教师按照统一的教育目标和教学标准向学生传授知识。

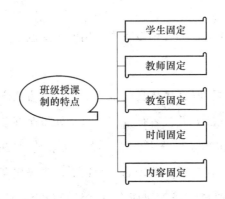

图 3-1　班级授课制的特点

班级授课制在我国教育形式中占据着重要地位，它之所以能够存在这么长时间，必然具有自身的优势：首先，班级授课制是一种"一师多教"的集体教学形式，它能够在教师资源极度短缺的情况下，实现教师资源的最大化利用；其次，教学活动是由"教师的教"和"学生的学"组成的双边活动，班级授课制不再局限于个别化教学师生交流的局限性，能够促进教师与学生、学生与学生之间的相互学习、相互交流；最后，班级授课制是在统一的时间、按照统一的教学标准向学生传授统一的教学内容，有利于系统知识的传授和学习。总之，在很长一段时间内，班级授课制不仅有利于学生获得知识和技能，还有利于培养学生的合作能力和交流能力。

班级授课制教学组织形式实际上是一种"以教为主""一对多"的教学形式（如图 3-2 所示）。在这种教学形式下，教师以统一的标准来要求整个班级的学生，忽略了学生的个性化发展。虽然一个班级的学生的年龄是相近的，其在身心发展上也具有一定的稳定性和普遍性，但由于个人环境、生理、心理、受教育程度和主观努力等诸方面的差异，同一年龄阶段中不同学生身心发展水平又表现出特殊的差异性，具有不同的智力结构、认知方式和气质性格。[①]

图 3-2　班级授课制的教学模式

随着大数据、互联网和人工智能在教育领域中的普及和运用，各种新型学习方式不断出现，班级授课制难以适应智能时代下的智能学习，其弊端逐渐显现出来。

班级授课制的教学形式主要以"灌输式"为主。我国著名教育家孔子曾经说过："知之者不如好之者，好之者不如乐之者。"教学要激发学生的积极性和主动性，注重学生的情感体验。而在班级授课制条件下，教师大多采用的是灌输式、填鸭式的教学方式，只是把知识被动地灌输给学生，学生并没有主动地对知识进行探索和吸收，只是消极地接收教师给出的指令而不加思考，导致学生学习的主动性、积极性、思维能力和创造力等方面受到一定程度的限制。

班级授课制的教学内容重理论轻实践。教师只是按照教科书和参考资料对学生进行"教条化"教学，重视对学生理论知识的传授，并不重视学生的实践，即不重视让学生结合所学知识走出校园、去感受生活、从做中学。在这种情况下，容易导致学生所学的理论知识与实践脱节，使他们不能将理论知识与实际联系起来。班级授课制下的教学实践性不强，学生动手操作机会很少，不利于学生对知识的深层次掌握和理解，不利于培养学生的实际操作能力。

① 商春锦．班级授课制的历史、现状与对策[J]．福建教育学院学报，2003(07)：110-112.

班级授课制拉大学生学习成绩的差距，不利于整体学生的全面发展。教师在平时的教学过程中过多地关注成绩好的学生，而对学习成绩相对较差的学生关注度不够，导致他们缺乏自信心，在课堂上不敢积极发言、讨论，似乎游离于集体的教学活动之外，这类学生呈现出明显的自卑感和离群感，不利于他们身心健康发展和学习成绩的提高。在这种形式下，成绩好的学生可能会越来越好，成绩差的学生可能会越来越差，形成了"优等生"和"差等生"并存的局面，阻碍了整体学生的全面发展。但从某种意义上来说，根本不存在优等生和差等生之说，这种差距的出现只是因为学生存在个体差异，所以对学生的评价应根据学生的个性差异进行综合性评价。

班级授课制很难适应大数据和人工智能背景下的智能学习。在大数据和人工智能的普及和应用下，出现了以大数据和智能技术为基础的新兴学习媒介，如各种智能学习平台和 App 的兴起。以中国 MOOC 为代表，其基于大数据的学习分析技术成果及社会性交互工具软件等平台，使优质资源可以不受区域限制进行共享，促进教师及时完善和改进教学内容，帮助学生自我调整学习计划和学习方法，促进学生全面学习、终身学习并提升了学习质量。[①] 而班级授课制限制了教师和学生获取信息和知识的途径。因此，班级授课制要想不被时代所淘汰，必须结合智能技术进行学习方式的变革与创新。

任何形式下的教学不仅应该考虑到学生的群体特征，更应该考虑到学生的个体特征。每个学生都是独立的个体，有其独特性。因此，不管在何种学习模式下，教学都应该遵循学生身心发展规律和个性特点，应坚持贯彻"以生为本"的教学理念，建立基本标准和多样性统一的教育制度，进行课程、教学和评价的改革，凸显出学生的差异性。学生是共性和个性的统一，我们必须全面地认识学生，才能更好地满足其个性化发展，不压抑其原本的天性。

班级授课制的学习时间、内容和进程等都倾向于固定化、形式化，不能够容纳智能时代下新的学习方式和内容，具有一定的禁锢性。"一对多"的教学形式只是以统一的标准来要求学生，教师难以兼顾不同水平、不同特点学生的多种

---

① 李高楠,谭鹏,杨晓涵,等. 班级授课制在高等教育体系中的利弊及创新趋势[J]. 大学教育,2018(11):35-37.

类、多层次的需求，忽视了学生的个性化发展。

智能时代对班级授课制的改革和创新最有效的方法就是打造智能学习平台，让学生进行探究性学习。班级授课制侧重于对学生知识的灌输，而忽略了学生的个性化发展、创造能力和自主学习能力，智能技术为班级授课制的改革和创新提供了新动力。智能时代，对学习者的素质提出了更高的要求，智能技术的充分利用，为学生创设更广阔的智能学习和交流平台，对培养学生的创新能力、探究能力和自主学习能力具有重要意义。

智能学习平台的建设为学生的课堂学习和课外学习提供了网络渠道，学生可以将课堂上不理解的知识点发布到平台上，与老师、同学进行交流讨论。智能学习平台除了与课堂相结合之外，还可以构建虚拟学习课堂，即老师将课程内容上传到平台，由学习者自主或小组进行学习，如学习通在各高校课堂的使用。此外，各高校或高校优质老师将课堂资源上传到学习平台实现大口径共享，扩展了学习者的学习资源，有利于学习者进行探究性学习。

智能时代对班级授课制的改革和创新，还可以通过以下措施进行：树立终身学习理念，勇于实践和自我反省；促进师生角色的转换，激发学生自我学习意识；抛弃固化的、单一的班级授课制，采用多样化的智能教学模式；加强小组合作与交流；建立智能多元化评价机制；缩小班级规模、实行小班教学等。

二、应试教育：特点与弊端分析

随着人类进入智能时代，在智能技术发展、生产力发展水平的提高和新观念的树立等因素的影响下，人们已经意识到应试教育很难适应当前社会发展需要，质疑应试教育的声音此起彼伏。

应试教育是通过升学考试把学生培养成技术性人才的一种教育思想和教育行为。应试教育以分数为导向，注重学生应试能力提高，忽略学生素质发展，把学生的学习成绩和升学率作为衡量学生的学业水平和评价教师工作成绩的标准。应试教育片面追求学生的升学率，而忽略对学生其他非智力因素的培养。

在我国教育发展的历史长河中，人们一直把科举制度作为应试教育的始作俑者。在科举制度下，国家通过考试的方法来选拔中央和地方官员，考试时间和考试科目都由国家统一制定。这种通过考试来选拔官员的考试制度一直被封建国家采用，逐步得到发展和完善，并成为封建国家选拔官员的基本制度。由于科举制度选拔官员的标准和要求具有一致性，在一定程度上推动了学校教育的发展。科举考什么，学校教育就教什么。在这种情况下，学校完全丧失了自主性，成为科举的附庸，学校教育也就自然而然地成了应试教育。

在高考制度恢复后乃至现代的大多数学校教育中，应试教育仍然是我国甄别、选拔优秀人才的主要教育模式。通过"考试"来选拔优秀人才，使每个人都具有平等的竞争机会，能够保证其公平公正，在一段时间内为整个社会创造了公平竞争的环境。但是，在长期的教育实践中，尤其是在智能新时代，各行各业对人的素质要求越来越高，应试教育的弊端日益显现出来，主要包括以下几个方面。

应试教育下的学校教育不是终身教育，而是终结性的教育。应试教育观念认为，人的一生大致可分为三个阶段，即学习阶段、工作阶段、退休阶段，把学习看成是人生某个阶段的任务，而不是贯穿一生的活动。因此，应试教育力求将人一生中所需要的知识在短短几年的学校教育中全部灌输给学生，认为人在学校学习后会一劳永逸。① 应试教育把学校教育看作是终结性的，这意味着学生要在学习阶段学习完一生将用的知识，这无疑加重了学生的负担。在智能技术高速发展的今天，知识更新的速度加快，同时也加速了传统知识的老化。所以，把在学校学习的知识利用到智能时代已经过时了，并不能使学生终身受益，不利于学生的可持续发展。

应试教育下的学习是一种被动式的学习模式，限制了学生学习的积极性与主动性。学生在应试教育模式下，表现为被动的学习，长此以往，其主动性和积极性将完全丧失。然而，学生的主动性和积极性是智能社会新型学习者必须具备

---

① 艾修亮,郑长新. 从人的可持续发展看应试教育的弊端[J]. 山东教育学院学报,2000(06):84-85.

的。因此，应试教育作为传统学习的痛点之一，不能适应智能时代的发展大趋势。

学生在应试教育下作为单方面接受知识的容器，而没有对学习内容进行加工和再创造。虽然教学活动是教师的教和学生的学组成的双边活动，但教师在教学过程中占据着主导地位，学生处于被动地位，教师作为知识的传授者，学生作为知识的接收者。在教学活动中，教师照本宣科地把教材上的理论知识讲授给学生，如果学生能够达到对知识的理解，整个教学活动就算完成了。

考试作为学生系统学习的一个环节和评价学习效果的一种手段，在整个教育过程中是不可或缺的，但过于强调应试而忽略综合素质的全面培养，其带来的负面影响也不容忽视。如果教师和家长过分看重"分数"，容易导致学生为了获得高分而被"分"压得喘不过气来（如图3-3所示）。以分数为导向的教育方式有可能把学生培养成"高分低能"的"学习机器"，不利于学生个性、创新性和发散性思维的培养和发展。

图 3-3　学生的"高分"压力①

应试教育使教师角色异化。教师是一种神圣的职业，是人类灵魂的工程师。教师本应该是"良师益友"，课堂上是学生学习的引导者、促进者和管理者，课后是学生的朋友，与学生友好相处。学习过程应该是学生积极主动进行探究式学习，老师在必要时给予适当的指引，二者之间相互学习、共同进步的过程。然而，在应试教育的背景下，教师的角色出现了异化，教师为了提升升学率不停地

---

① 图片来源：http://img.mp.itc.cn/upload/20160331/125df87475514bfca5fae47aeef4c758 _ th.jpg

向学生灌输知识，加大学生的机械练习，并没有考虑到学生的知识基础和对知识的接受程度，忽略对学生学习能力的提高。

教学方法不仅影响人才的培养质量，还影响教师专业知识和自身素质的提升。在传统的应试教育中，采用的教学方法大多数都是千篇一律，教学活动以提高学生的分数为目的。学校围绕着各种考试安排教学课程和教学内容，使学校教育失去了原本育人的意义。应试教育以学生的分数和升学率作为评价教师的标准，使教师忙于向学生灌输理论知识和进行机械训练，把教学重心放在提升学生的应试能力上，而忽略对自身专业知识和素质的提升。

在应试教育下，各科目学习内容之间缺乏相关性和灵活性，学生不容易形成自己的知识体系和合理的知识结构。应试教育把很多高层次的教育降低到"术"的演练层次，把本应揭示知识规律、提高认识能力的教育内容化解为很多互不关联的死的知识点和标准化答案。[①] 学生凭借自身现有的知识储备，很难对教育内容进行再加工和构建。因此，在这种模式下培养出来的学生相对缺乏主动构建知识的能力，自己的知识框架也比较零散和混乱，难以形成自己的知识体系和合理的知识结构，不适应现代智能社会发展的大趋势。

应试教育在一定程度上也不利于课程设置的优化。我国的小学、初中乃至大学的课程以基础课、专业课为主，过度重视对学生"智育"的培养，而忽略"德育、体育、美育、劳动技术教育"的全面发展，导致学生片面发展。此外，应试教育注重文理分科，导致学生知识结构不合理。迫于升学的压力，我国中小学普遍出现语数外老师占据体育课、美术课、音乐课等兴趣课程的现象，有的学校甚至只安排主科课程。尤其对高中生而言，面对高考的巨大压力，他们的兴趣课程被其他老师无情霸占，每天都要面对枯燥的语数外、生理化课程。应试教育的课程设置专注于发展学生智力的同时，把学生分成"文""理"两条线，不仅不利于促进学生综合素质的全面发展，而且不利于构建合理的课程体系。

总的来说，对应试教育的特点与弊端的分析并非是要全面否定应试教育。实际上，任何事物都具有两面性，关键在于合理权衡、取长补短。一方面，应试教

---

① 曾舒婷.从卢梭的自然主义教育思想看我国现代应试教育弊端[J].荆楚理工学院学报,2017,32(05):66-70.

育是一种较为注重理论知识传授、以分数为导向的选拔和甄别优秀人才的选择性教育，不利于教育促进学生的全面发展；另一方面，应试教育作为一种客观、公正的选拔方式，保证了教育结果的公平、公正，因而在相当长一段时间内仍具有存在的合理性。随着人类社会进入智能时代，我们要结合当今时代的发展趋势来重新审视应试教育的存在。人工智能时代，应统筹素质教育、创新教育和应试教育的优势以达到教育效果的最优化，以素质教育和创新教育指导应试教育进行改革和创新，同时又以应试教育促进素质教育和创新教育的发展，从而探索一条既符合我国教育实际又符合世界教育发展趋势的教育改革之路。

三、智能学习新趋势：知识更新的速度与智能学习的价值

随着科学技术的飞速发展，智能时代呈现出新的趋势，即智能化的新兴技术加速了人类知识的更新速度，知识更新的周期也越来越短，人类传统的学习方式赶不上知识更新速度，导致人类的学习速度败给了知识半衰期。时代的不断进步，必然引起知识的更新换代，若不改进学习方式和提升自己的学习速度，我们就会停滞不前，无法追赶上知识更新的步伐。

学习速度即学习效率，是指学习某些学习内容所需要耗费的时间。若学习特定内容所花费的时间少，或者是在特定的时间内能习得更多的知识，则被视为学习速度快、学习效率高。在相对的时间里，学习速度更快者自然而然能够取得较好的学习效果，从而给学生带来良好的学习体验。学习体验是学生的学习状态以及学习结果和感受，即学生以什么样的状态投入学习，是充满活力、热情洋溢还是愁眉苦脸、缺乏兴趣。

学习速度与教育模式、学习方式不无关系。传统的教育模式和学习方式对学习速度有一定的制约作用。由于知识总量的不断增加，并且我国教育长期处于应试教育的大背景下，题海战术也就成了学校教育培养人才的常用手段之一。然而，过多的题量对学生造成了一定的压力，也就相应地影响了学习速度和学习效率。现如今倡导的素质教育是智育和其他四育的综合发展，学习速度的提高对促

进学生的全面发展起着至关重要的作用。因此，智能时代我们要注重对教育模式和学习方式的变革以促进学习速度的提高。

智能时代科学技术的发展日新月异，知识更新速度的加快符合智能化的大趋势。据统计，现在的科学界，每五分钟就有一项新发现；在物理学界，每三分钟就有一种新的物质结构被发现；在化学界，每一分钟就有一个新的反应式问世。[①] 然而，面对知识不断更新的智能社会，传统的学习方式已经无法满足智能时代下人们对知识的渴求，因而必须寻求提高学习速度且保证学习效率的新方法，才能够使自己永远处于知识的前沿阵地，才能在这个不断变化的世界生存下去。我们不仅要贯彻终身学习的理念，还应当结合时代特征，通过充分利用智能时代新型学习工具、培养自主学习能力、改善学习方式等多种措施提高学习效率，以期学习速度能跟上知识更新的步伐。

智能时代下的教学方式不再是简单的"传递-接受式"教学，而是偏向于启发式教学，注重引导学生进行自我思考和自我反思。教师在课堂上起着引导作用，更多的时间留给学生自己思考，让学生在学习中自己提出问题、分析问题，然后自己解决问题并得出问题的结论，在这个过程中不断反思自己、提升自己。这有利于启发学生思考，注重培养学生的自主探究能力和思辨能力、提高学习效率。

智能时代下的学习能够赋予学生主体地位，激发学生的主动参与意识。在传统的教学模式下，教师主导着整个教学活动，学生的主体地位被长期压抑着，不利于学生主体地位的发挥。而且，丰富多彩的教学内容在"传递-接受式"教学模式下显得枯燥无味，导致学生学习积极性不高。每个学生都是发展中的人，有巨大的发展潜能，学生思维灵敏、具有丰富的想象力，智能时代下的学习迎合了学生的这些认知特点。

智能时代下的学习更多地需要学生的实际操作能力，把学生的主体地位归还给学生，使学生能够自主分配学习时间和调整学习进度，让他们积极主动地参与到学习活动中来。学生参与度越高，学习速度越快，即学习的效率也就越高。

---

① 杨国林.不断更新知识是企业持续发展的保证[J].理论界，2007(08)：250-251.

智能时代下的学习能够使学生合理地分配学习时间，实现学习时间利用的最大化。学生的学习时间一般由两部分组成，即在学校上课的时间和学生自由支配的时间。在上课时间内，学生可以在教师的引导下借助多媒体设备进行学习；而在自由支配时间内，学生可以利用智能移动设备、智能学习平台和软件根据自己的兴趣爱好来进行深度学习，扩展自己的知识面。在传统的学习环境中由于没有智能媒介的运用和督促，学生并没有把自由支配时间好好利用起来，浪费了很多有利的时间。

总之，学习是人类社会进步的阶梯，在任何时代，学习速度对于学习都是至关重要的，尤其在信息大爆炸的智能社会，我们的学习速度更要借助智能技术跟上知识更新的速度，才能全面提高学生的综合素质和实现其生存价值，才能使人类在智能社会立于不败之地。

四、学习模式被颠覆：智能时代传统学习的变革

随着智能时代的到来，智能机器在感知、记忆、预测等方面远远超过了人类，同时以数据形式呈现知识，促使学习方式、学习内容和学习路径等都在一定程度上发生了变化，这对传统学习来说是一个巨大的挑战。传统学习如果只是按照以前的模式运行，在智能时代可以说是寸步难行。因此，智能时代我们要利用好智能技术对传统学习进行变革，促使教育培养出适合智能社会的高素质、创新型全面发展的人才。

智能时代，传统学习模式必然被颠覆，应试教育的地位被削弱，素质教育的价值将被凸显出来。党的十九大报告指出，要全面贯彻党的教育方针，落实立德树人根本任务，发展素质教育，推进教育公平，培养德智体美劳全面发展的社会主义建设者和接班人。"素质教育"被纳入十九大报告，更彰显其在当今时代的必要性和重要性。

人类进入智能时代，以大数据、互联网、物联网、云计算、人工智能、区块

链等新一代信息技术为基础的智能科技的高度发展使"素质教育"的实施加速向前推进。知识以数据方式存在并得以快速传播和获得，人类的大脑在这些"数据"面前显得低能。相反，人工智能在接收和处理"数据"方面具有天然的优势。人类无力处理大量数据，只能将手中的权力交给人工智能，传统的知识学习模式在人工智能时代被彻底颠覆。人工智能时代，算法替代了人脑的逻辑，直接对知识进行理解和应用，而且算法越来越独立于人类，并能从自身的经验中学习，连发明它的工程师也不懂它做出的某些决定。[①] 学生在传统学习模式下学习的知识运用于智能社会具有一定的滞后性，并不适用于现在或者未来的生活。因此，结合智能技术对传统学习进行变革是最佳选择。

由应试教育过渡到素质教育，是智能时代对传统学习进行变革的重中之重。"应试教育"以分数为导向，把"升学率"作为衡量教育质量的唯一标准，片面强调对学生应试能力的培养，忽略学生的全面发展。与此同时，升学压力下的大量题海战术训练增加了学生的学业负担，使其处于被动学习的状态。应试教育模式下培养出的学生不能适应智能社会的时代需求。而"素质教育"作为教育改革的一个重要方向，是当前我国基础教育的一种理想模式和目标。原国家教委朱开轩主任指出：素质教育从本质上说，是以提高全民族素质为宗旨的教育。素质教育是为实现教育方针规定的目标，着眼于受教育者群体和社会长远发展的要求，以面向全体学生，全面提高学生的基本素质为根本目的，以注重开发受教育者的潜能，促进受教育者德智体等方面生动活泼的发展为基本特征的教育。[②] "素质教育"由"应试教育"的弊端衍生而来，是现代智能社会教育的正确选择和方向。

"素质教育"是与"应试教育"相对应的教育模式，指出了当下教育的目标与方向。但是，"应试教育"和"素质教育"是相互联系、相辅相成的关系，即使是在智能时代，我们也要正视应试教育和素质教育的关系。应试教育作为传统学习主要的教育模式，在当时的社会具有一定的生命力，不可否认的是应试教育

---

① 罗好,黄平林,余先德.关于人工智能时代素质教育的若干思考[J].学校党建与思想教育,2018(06):54-56.

② 孙金胜.谈"应试教育"向"素质教育"的转变[J].河南职业技术师范学院学报(职业教育版),2008(03):109-110.

在当今社会也并非一无是处，它的存在具有一定的合理性和价值。应试教育由考试衍生而来，如果没有考试选拔人才的方式存在就不会出现应试教育。不可否认的是，经过长期教学实践的证明，无论哪个国家在选拔人才上都选择了考试。

高考作为一种较为公平的选拔人才的方式，即使是在智能时代，我们也要正视它，对它进行改革，充分利用它，使之为素质教育服务，培养创新型人才。素质教育虽然是现代教育发展的大趋势，但是也不能盲目的撒开应试教育，独自去搞"个人主义"。应试教育和素质教育不是谁淘汰谁的问题，而是如何克服应试教育的弊端，实现二者的取长补短，共同推荐我国教育事业的发展。智能时代我们不能单独来谈应试教育或者素质教育，把二者人为地割裂开来，都是片面和孤立的。

真正的教育是要适应时代发展需要培养创新型人才。智能时代是一个创新的时代。创新是一个民族进步的灵魂，一个国家兴旺发达的不竭动力。智能时代比以往任何时候都更需要创新型人才。创新作为时代进步必不可少的要素之一，必须通过创新教育来培养和发展学生的创新能力，为国家的繁荣进步培养创新型人才。创新教育就是以培养人们创新精神和创新能力为基本价值取向的教育。创新教育采用具有创造性的方法和手段，培养学生的创新意识，提升学生的创新能力，打造适应时代的创造型人才。

智能时代的加快到来，对素质型和创新型人才提出了迫切的需求。因此，对传统学习的变革势在必行。传统学习的变革要注意以下几个方面。

传统学习的变革要正确处理应试教育与素质教育、创新教育的关系。虽说应试教育与素质教育、创新教育是对立的关系，但归根到底他们都是培养人才的教育模式。三者只不过在培养上的侧重点各有不同，如应试教育以"升学率"为导向，而素质教育和创新教育是以"培养高素质和创新型人才"为指导；应试教育是教学生"学会"，而素质教育和创新教育是教学生"会学"；应试教育只关注到部分学生，属于"精英教育"，而素质教育和创新教育面向全体学习，属于"大众教育"。因此，我们要辩证地看待应试教育与素质教育、创新教育的关系。

促进教育观念的转变，是对传统学习变革的首要要求。教育观念的转变，指教师的观念、学生的观念乃至整个社会的观念都要转变。由于人们长期受到应试教育潜移默化的影响，一时难以接受新型教育模式。但是，只有观念的转变，才能真正认清应试教育和素质教育、创新教育的本质。在智能社会，分数已经不再作为衡量一个人的唯一标准，智能社会更看重的是人的综合素质和创新能力。因此，只有教育观念的转变，才能更好地对传统学习进行更好的变革。

教师要不断提升自身素养，打造成创造型教师。在智能时代对传统学习的变革中，教师作为教育的领头人，其任务最为艰巨。一方面，为了使学生接受到更好、更先进的教育，教师要贯彻"终身学习"理念，充分利用大数据不断提升自己的专业素养和教学能力，把自己打造成"创造型"教师。另一方面，教师要借助智能化学习媒介，加大知识结构的优化和扩展，在教学过程中融入个性化因素，为学生营造轻松学习、愉快学习的氛围，实行个性化教学，培养和激发学生学习的积极性和主动性。

利用好智能学习平台和资源，促进学习途径的变革。传统学习把课堂和书本作为学习的唯一途径和获取资源的主要来源，这些知识在不同程度上脱离社会、脱离生活实际，使学生不能达到学以致用的目的；而素质教育和创新教育为了培养适应社会的新型高素质和创新型人才，要求充分利用智能学习平台和学习资源，实现教育的社会化，构建学校与社会的"双向参与"机制，使得教学途径增多，教育视野广阔，有利于从狭隘的完全同升学"指挥棒"对口的自我封闭中解脱出来，实行开放式的现代教育。[①] 智能时代的学习平台和资源对传统学习途径的变革，为教师的教和学生的学提供了便利，极大地满足了教师的教学需求和学生的学习需求。

总之，智能社会对传统学习进行变革的方面还有很多，如学习目标、学习课程、学习内容、学习方法等。智能时代借助智能技术，实现应试教育向素质教育、创新教育的转化任重而道远，需要认清社会发展趋势，加大变革的步伐，共同努力，为社会培养全面发展的高素质和创新型人才。

---

① 何山,欧婷婷,文节.浅谈实现由应试教育到素质教育转轨的策略[J].法制与社会,2009(09):293.

第四章

改造我们的学习：从培养学习力开始

学习力：约等于社会竞争力

综合作用：学习力的影响因素

新方法论：智能时代学习力的培养

"**学**习力"，顾名思义，是指学习者的学习能力，主要通过对新知识的掌握和接受程度表现出来。智能时代的科技发展日新月异，人类的素质跟不上时代的需求，因此，智能时代对学习者的学习能力提出了新的要求。

一、学习力：约等于社会竞争力

学习力是学习者在学习或工作中一种非常重要的能力。人类进入智能时代，科学技术的发展日新月异，对生产和生活的方方面面产生了巨大的冲击，对教育和学习也提出了新的挑战。在学习或工作中，个体的发展很大程度上取决于一个人的学习力。学习力强的人，能够很快在学习或工作中得心应手，反之则会感到无所适从。因此，要想在智能时代增强社会竞争力，学习力就成了每个人必备的能力。

学习力（Learning Capacity）是指学习者把自己所学的知识资源转化为知识资本的能力，其核心是快速而高效地学习新知识、掌握新技能的能力。学习活动的主体是个体或组织，学习力是学习活动主体学习动力、毅力和能力的综合体现。

从知识角度看，个体的学习力包括知识总量、知识质量、知识流量和知识增量这四个方面（如图 4-1 所示）。知识总量是个体获取知识以及对知识理解的深度和广度；知识质量是通过个体的综合素质、学习效率和学习品质来衡量知识质量的高低；知识流量是学习知识所花费的时间以及获取知识和扩展知识的能力；知识增量是个体对学习成果的创新程度以及用所学知识产生的价值高低，这是学习力更看重的方面。具备这四个方面的学习个体，其学习力必定是高超的。

图 4-1　个体学习力的四个方面

组织学习力强于个体学习力，它是每个个体学习力进行创新的集中体现，并且能够直接将学习力转化为创新成果。组织学习力提倡团队的学习力比个人的学习力更重要，强调团队内部的合作、内部信息资源的自由流动和共享的重要性。与此同时，它也注重发展团体内部个体的学习力。团队学习既是个体与个体之间相互交流、相互学习的过程，也是团队成员寻求知识的高度统一而产生创造性成果的过程。

学习力是社会竞争力的重要体现。智能时代是一个竞争十分激烈的时代，只有不断提升竞争力才不会被时代淘汰。学习力不止体现在个体的学习和工作方面，还体现在生活的方方面面，其中公司在市场中的优胜劣汰就是一个很好的例子。20世纪60年代，被《财富》杂志列为世界500强的大公司，堪称全球竞争力最强的企业。然而，到20世纪80年代，500强公司中三分之一的公司销声匿迹，到20世纪末更是所剩无几了。这一方面反映了风起云涌的新科技革命和新经济的产生迅速切换或淘汰传统产业的大趋势，但另一方面也反映出这些大企业不善于与时俱进，跟不上时代的节拍而被时代抛弃。实践证明，企业凡是通过自我超越、心智模式、团体学习等提升修炼，都能在原有基础上重焕活力，再铸辉煌。这样的公司如美国微软、日本松下、我国青岛海尔和美的集团等。

从学习力视角看，一家公司要想在竞争激烈的环境中生存下来，就必须具备以下几个要素：一是能够在最短的时间内以最高的效率获取信息，将其转化为自己的知识；二是公司内部员工都能养成一个不断学习的习惯，不断扩充知识面，提升学习力；三是加强团队协作能力，促进团队的合作与交流，从而形成自己特有的团队文化；四是能够在短时间内高效地将所学习的知识运用于企业发展、变革与创新，多方面适应市场和满足客户的个性化需求。具备这些要素的公司即使在竞争激烈的智能社会，也是很难被淘汰的。处于人工智能时代的我们亦是如此，要随着智能技术的高速发展，增加知识总量、提高知识质量、扩大知识流量和知识增量，进而不断提升自己的学习力。

学习力由学习动力、学习毅力和学习能力三个要素组成（如图4-2所示）。学习动力是指个体内在的学习驱动力，学习动力体现了学习的目标，主要包括学习需要、学习情感和学习兴趣。学习需要，即学习者的实际情况和期望达到的水平之间的差距；学习情感，即个体对知识的理解和处理知识的情绪、情感；学习兴趣，即推动学习者求知的内在动力。学习毅力又称学习意志，指学习者为完成学习目标而持续克服困难实现预定学习目标的状态，学习毅力能够反映学习者的意志，它作为学习行为的保持因素，对学习力起着至关重要的作用。学习动力和学习毅力驱动学习能力，学习能力是指用所学的知识去发现问题、分析问题和解决问题的能力，它是进行学习活动和产生学习力的基础。

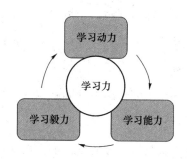

图 4-2　学习力的三要素

判断一个学习者和一个组织是否具有很强的学习力，可以从学习者或这个组织是否具有远大而坚定的目标、坚定不移的意志力、对理论知识的掌握程度以及对实践经验的总结等几个方面判断。从图 4-2 可以看出，学习力是学习动力、学习毅力和学习能力的交集，只有同时具备了这三方面的能力，才可以算作是真正的学习力。

关于学习力，我国中商国际管理研究院的专家学者们从实际情况出发，用五种曲线来描述学习力，具体包括蒙智曲线、早谢曲线、中庸曲线、卓越曲线、睿智曲线。①

蒙智曲线用来描述有学习障碍或者没有启发智力的学习者，这类学习者类似于"白丁"。这个阶段的学习者可能受家庭经济状况等多方面因素影响，没有接受教育的机会，导致他们大部分阅读能力和思考能力没有被启发，学习力明显不足。处于蒙智曲线的人多为社会底层劳动者和具有先天学习障碍的人，这类人群需要社会的帮助和关爱。

---

① 搜狗百科．学习力［EB/OL］．https://baike.sogou.com/v7649745.htm? fromTitle＝%E5%AD%A6%E4%B9%A0%E5%8A%9B

　　早谢曲线的学习者大多处于青少年时期，他们正在接受学校教育，大部分学习者取得了高中学历，对各方面知识有了大概的了解，具备了初步学习能力，他们一旦离开学校就会停止学习。这个阶段的学习者大多处于社会中下层，这个时期他们的学习力达到极致，后期会随着对学习的懈怠心理出现，学习力逐渐降低，所以称为"早谢曲线"。

　　中庸曲线是指一部分获得高中学历的学习者，通过自己的努力考入高等院校继续深造，并且取得所学专业相关的专业知识、专业技能证书，取得学士学位证书。处于中庸曲线的学习者的学习力已经达到了一个新的高度，有自己明确、清晰的目标并会为之努力奋斗，但随着生活经验的增加，他们的学习力又会缓慢下降。这类学习者大多属于社会中间层。

　　卓越曲线指学习者从小就具备很强的学习能力，从高等院校毕业之后，继续攻读硕士、博士或者博士后，同时也指一部分学习者离开学校的学习之后，并没有停止学习，即使在日常的生活和工作中，也贯彻终身学习理念，从做中学。这类学习者学习力能够达到顶点，然后随着职业生涯的结束而缓慢下降，他们属于社会上层人士。

　　处于睿智曲线的学习者品学兼优，其学习力一直处于上升趋势，他们始终很清楚自己的人生目标和理想，并且能够保持持续主动学习的态势，在此过程中不断增强学习力，遇到困难也能迎刃而解。处于睿智曲线的学习者能不断提升自己从而适应不同时代人才的需求，他们属于社会顶层的精尖高人才。

　　随着科学技术的发展和人类社会的进步，人类学习力的发展呈现出从蒙智到早谢、再到中庸、卓越的趋势。人类进入智能社会，学习力的发展也逐渐从卓越曲线过渡到睿智曲线。智能时代是学习的时代，也是睿智时代。

　　智能时代知识更新速度越来越快，社会竞争也越来越激烈。学习者竞争的实质是其学习力的竞争。因此，学习者要跟上时代的潮流，就要不断学习、不断进步、不断提升学习力。

二、综合作用：学习力的影响因素

上节谈到，学习力是社会竞争力的重要体现，一个人或者一个组织只有具备不断提升的学习力，才能在不断变化的社会环境中拥有竞争力。时代在变革，社会在进步，但很多学习者的学习力并没有得到很好的提升，一个重要的原因就是影响学习力的因素有很多，主要包括自身因素、学校因素、家庭因素和社会因素（如图 4-3 所示）。

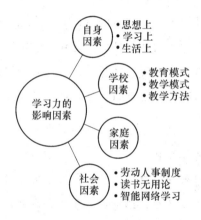

图 4-3 影响学习力的因素

（一）自身因素

限制学习者学习力的自身因素有很多，例如，是否投入足够时间，学习态度是否端正，是否热爱所学专业，自控力是否良好，是否善于提出问题并深入思考，以及是否有明确的学习目标、学习方向等。这些因素或多或少都会对学习者的学习能力产生影响，但学习时间、精力投入不足与学习态度不端正是影响学习力的主导因素。[①] 有的学习者对学习具有抵触和厌倦心理，有的甚至逃课，这势

---

① 赵攀,靳越,蒋志良. 孩子学习效果的影响因素及提升策略[J]. 西部素质教育,2019,5(15):208.

必都会影响学习力的提升。学习者自身因素主要体现在思想上、学习上和生活上这三个方面。

在思想上，即使人类进入人工智能时代，但由于学习者长期受到"唯分数论"的影响，大部分学习者还是只注重对书本理论知识的学习，认为只要获得高分就等同于高实力。这导致他们缺乏明确的学习目标和刻苦钻研的学习精神，自律能力较弱，通常表现为：按部就班的学习课本知识，缺乏对知识的深入探究和钻研精神。在智能时代，学习者应从思想上转变学习理念，认清真正的学习并非以获得高分为目标，而应该以提升学习力为目的。

在学习上，学习者进行学习的渠道相对单一（主要以教师和教材为主），在一定程度上限制了其学习力的提升。长期以来，由于学习者对教师和教材产生了一定的依赖心理，导致学习者自主学习的意识和能力相对较低，不利于学习者将所学的知识进行加工和内化。因此，拓展多元化的学习渠道成为学习者提升学习力的重要方式。在智能科技高速发展的时代，学习者应充分利用智能科技带来的优势，合理利用智能学习媒介，提高自主学习的意识和能力，从而提升学习力。

在生活上，良好的人际关系也是影响学习者提高学习力的重要因素。人际关系的好坏，决定着学习者能否和同学、朋友愉快地相处，从而影响学习效果。良好的人际关系能增加学习者的成就感，从而增加学习兴趣。反之，不良的人际关系容易使学习者产生矛盾和冲突，增加思想负担，甚至产生厌学情绪。

（二）学校因素

学校是学习者进行学习的主要场所，学校教育对学习者身心健康发展和学习力的培养起着主导作用。学校对学习力的影响主要体现在教育模式、教学形式和教学方法上。

在教育模式上，我国很长一段时间一直采取"应试教育"的模式进行教学。由于我国劳动人事制度、教育结构和师资力量配置等方面的原因，分数和升学率在教育活动中被过度强调，并且把分数和升学率作为衡量教学质量的唯一标准。应试教育的教学模式只注重对学习者知识的灌输，以把孩子培养成"考高分的机器"为目的，忽略了学习者的学习兴趣和全面发展，不利于学习者学习能力的提高。

在教学形式上，我国一直以班级授课制为主。一方面，班级授课制是一种"一对多"的课堂教学形式。在这种课堂教学形式中，教师以统一的教学内容来教育学习者，以统一的标准来要求学习者，但由于学习者个体存在差异性，教师很难做到关注每一个学习者的性格特征和智力差异。因此，在这种教学形式中，教师很难做到真正的"因材施教"。另一方面，班级授课制相对于部分学习者来说，学习氛围不够浓厚，导致他们并不能从学习中获得成就感和快乐感。学习者的个性是影响其未来发展和学习力的重要因素，教师需要结合时代特征就学习者的个性进行研究。①

在教学方法上，单一、枯燥的教学方法不利于教育作用的高效发挥。教学方法是否多样、合理，对学习力具有重要影响。在我国的课堂教学中，以讲授法为主的教学方法运用最为广泛，而长时间使用这种教学方法，会使学习者对教师的语言"灌输"产生一定的依赖心理，不利于学习者的积极性和自主性的发挥。因此，教师在教学过程中要多结合智能化新型教学媒介吸引学习者的眼球，这有利于提高学习者课堂的参与度和积极性。新颖、多样化的教学方法会给学习者带来良好的学习体验，促进学习力的生成。

除了以上三个方面，还有课堂教学、课堂活动和各种设施设备等都对学习者的学习力有一定的影响。

（三）家庭因素

家庭是孩子接受教育的第一所学校，自然而然对孩子具有启蒙教育的色彩。家长作为孩子的第一任教师，其行为习惯和思维方式在很大程度上影响着孩子的一生。家长与孩子之间的血缘关系联系起来组成特殊的生产、生活单位，同时也是学习单位。家庭作为孩子学习的重要场所之一，对孩子的学习和成长起着十分重要的作用。

随着人们生活水平的提高，大多数家庭都只有一个孩子，他们望子成龙、望女成凤的心情十分迫切。苏霍姆林斯基曾经说过："没有比父母在培养人时所用

---

① 盛雪．高校班级授课制下实践个性化教学的策略探究[J]．才智，2019(16):62.

的智慧更复杂。"大部分家长本身不具备教育方面的知识，所以在某些方面并不能正确引导孩子，他们希望子女成材，对他们寄予很高的期望，通过各种渠道对孩子施压，不仅没有达到良好的学习效果，反而适得其反。与此同时，家庭中父母的学历、职业、家庭氛围、物质条件等都会影响孩子的学习。家长对孩子的要求和自身情况形成了一对矛盾，影响孩子学习的积极性和学习效果。

（四）社会因素

社会因素对学习力的影响是多方面的，包括社会制度、社会群体、道德规范、法律法规等。其中，人事制度、"读书无用论"的思想和网络学习成为影响提升学习力的重要因素。

社会用人制度对学习者的学习起引导作用。很多学习者力求通过学习找到一份好工作，从而改变自己的人生。因此，要通过人事制度改革，促进人事制度的科学化和规范化，建立科学的选人用人制度。这样有助于提高学习者的学习力，并为其找到理想的工作提供制度保障。

"读书无用论"是一种否定知识和学习的社会思潮，这种思想认为人们所学习的知识对学习、生活和工作都是无用的，这是一种极端错误的思想。现在社会上存在一些现象容易使很多努力学习但是被埋没的人才产生"读书无用"的自暴自弃的心理。作为新时代的学习者，要充分认识到"是金子总会发光的"，在学习过程中养成良好的学习习惯，不断提升自己的学习力，增强社会竞争力。

网络学习是由全球最大、最开放的各种不同网络终端相互连接而成的一个智能化虚拟学习环境。智能网络学习环境既涉及家庭、学校和社会等多方面的因素，同时又保持了网络的相对独立性。现如今，智能网络学习是继身体手语学习、图书期刊学习、电子学习后在教育领域运用最为广泛的一种学习方式。智能时代的网络学习以学习者为中心，具有传播速度快、打破传统学习时间和空间等优点。同时，网络空间中又存在一些不良信息，使缺乏自制力和自控力的学习者容易受其诱导，从而对身心发展和学习产生负面影响。

三、新方法论：智能时代学习力的培养

随着人类社会进入智能时代，我国对教育的重视达到一个全新的高度。从应试教育到素质教育，再到创新教育的转变告诉我们，人的综合素质和创新能力在智能社会越来越重要。学习力作为现代人基础性的文化素质和未来社会人才必备的基本素养，在以互联网、大数据、人工智能和区块链等技术支撑的智能社会，显得尤为关键和重要，[①] 所以智能时代更要加强对学习者学习力的培养。

智能时代学习力的培养主要是通过学习者、教师、学校、家庭等方面共同努力。

（一）学习者方面

人们普遍认为，学习者的一切学习活动都是智力因素和非智力因素共同作用的结果。因此，学习者学习力的生成与智力因素、非智力因素有着密不可分的联系。但是，有研究表明，孩子的学业成绩与智力因素有中等程度的相关性，而非智力因素对孩子成才起决定作用。在学习活动中，非智力因素的积极特征对学习具有调节、控制、维持和补偿的功能，是提高学习质量和促进智力发展的强大动力。美国哈佛大学心理学教授丹尼尔·戈尔曼在《情绪智力》一书明确指出，一个人的成功，智力因素（又称智商 IQ）的作用只占 20％，而非智力因素（又称情商 EQ）的作用要占 80％。因此，对智能时代的素质教育和创新教育而言，发展孩子智力是当代教育的重要内容，而非智力因素的培养是素质教育和创新教育的关键。[②]

智力因素和非智力因素是相互联系、相互制约的动力系统。智力因素一般包

---

① 何丽娜，王敬杰．基于学习力培养的学校改进[J]．基础教育参考，2019(11):75-76.
② 宋斌．重视非智力因素的培养，提高孩子的综合素质[A]．教育部基础教育课程改革研究中心．2019 年"教育教学创新研究"高峰论坛论文集[C]．2019:2.

括注意力、观察力、记忆力等，非智力因素一般包括动机、兴趣、情感、意志等。智力因素倾向于先天遗传性因素，没有太大的可塑性，而非智力因素则对学习者的学习活动起着指导、导向作用，具有很大的可塑性。因此，智能时代对学习者学习力的培养应该从非智力因素这个切合点入手。智能时代对人才的需求更加迫切，我们必须科学、合理地发展和培养学习者的非智力因素，进而提升学习者的学习力，增强其社会竞争力。

激发学习者学习动机。学习动机是激发学习者进行学习活动或者维持已经引起的学习活动，并且朝着一定学习目标努力的内部学习动力，它属于非智力因素中的要素之一。学习动机是促使学习者进行学习活动的动力源，为了使这种动机持续下去，可以通过一些强化理论对其进行强化训练，如刺激-反应理论、自我效能理论等。即使在人工智能时代，学习动机对学习者学习力的培养与生成也是必不可少的。只有激发学习者学习动机，学习者才能树立正确的学习目标，达到最佳的学习效果。

培养学习者学习兴趣。从教育心理学的角度来说，学习兴趣是一个人倾向于认识、研究获得某种知识的心理特征，是推动人们求知的一种内在力量。爱因斯坦说过"兴趣是最好的老师"，只有对学习保持兴趣，才能激发学习者的求知欲和好奇心。学习者对某一学科有兴趣，就会持续地专心致志地钻研它，从而提高学习效果。

培养学习者的创造性思维，提升创造能力。亨利·福特曾经说过"不创新，就灭亡"。创新的本质是发散性思维，要求学习者善于从多角度、多方面去发现问题、思考问题并解决问题。创新作为时代发展的不竭动力，学习者学习力的养成与创造性思维有着密切的联系。智能时代的学习更加注重对学习者创造性思维的培养，应结合智能技术为学习者创设多种问题情境，保持学习者的好奇心，让其在自主探究中发现问题、提出问题并解决问题，从而提升学习者创造能力，把学习者培养成社会所需的创新型人才。

充分利用智能学习媒介，促进学习方法和手段的变革，实现学习效果的最优化。在以互联网、云计算、大数据和人工智能等为基础的智能技术的支撑下，出现了大批新型智能学习媒介，如智能移动终端、学习网站和学习平台等。在智能时代，学习者能够结合智能学习媒介进行自主探究式学习，提升自主学习能力。同时，学习者可以通过大数据实时、高效、便捷、快速地获取海量学习资源，使其合理利用学习时间，灵活多样地满足学习者个性化需求。智能学习媒介的运用使学习方法和手段从单一、枯燥变得多样、有趣、智能化，以期达到最佳的学习效果。

（二）教师方面

人工智能在生活各个方面的运用，尤其对教育领域的渗透，使人类教师面临着新的机遇和挑战。智能时代教师能力素质的培养和提高，对学习者学习力的生成也至关重要。智能时代将是人类教师和机器教师相互协作、相互共存的时代。为了应对挑战，教师应主动适应智能时代的大潮流，转变教育观念、学习智能技术，并将其与教学活动相结合，提升自身的学习力，从而更好地培养学习者的学习力。

教师要贯彻"终身学习"理念，提升自身学习力。学习力不管在什么领域都是现代社会和未来社会最核心的竞争力。教师自身具备学习力是培养学习者学习力的前提和基础。因此，对人类教师而言，人工智能时代意味着教师必须贯彻"终身学习"理念，提升专业素养，具备更强大的学习能力。"学如不及，犹恐失之""学而至上，学以致用"，人工智能时代教师不被机器替代的根源在于持续不断学习的能力，特别是对智能、移动学习的能力。[①] 虽然人类创造了人工智能，但人类也应该持续不断的学习，提升自身的学习能力才能在智能时代立于不败之地。

教师要提升自身个人魅力和人格修养。人工智能的应用使教师从枯燥、繁杂的工作中解放出来，虽然节约了人力成本，但教师和学习者之间的情感和精神层面的交流，以及个人魅力和人格修养对学习者的影响是人工智能无法取代的。美国教育家里克纳说："世界上任何一个国家都为教育树立了两个伟大的目标：使受教育者聪慧，使受教育者高尚。"具有高品位人格魅力的教师散发出的品格和

---

① 许谦. 人工智能视域下高校教师能力的提升[J]. 盐城师范学院学报（人文社会科学版），2018,38（06）：112-115.

魅力能对受教育者产生良好影响。教师将广博的文化知识内化为个人的文化素养，转化为崇高的敬业精神、坚强的意志品格、积极的处世态度以及乐观宽广的胸怀，以高尚的理想情操培养孩子的高尚人格。[①]

教师要改变教学方式，使整个教学活动更趋向灵活化和个性化。智能时代教师可以通过借助电脑、手机、多媒体等智能教学媒介，实现线上和线下、课堂内和课堂外、物理学习环境和虚拟学习环境的交叉融合，使学习者可以通过深度学习自由进行交流、讨论、协作。此外，教师还可以通过智能技术对学习者的兴趣爱好、学习能力等数据进行分析，然后为其制定个性化学习目标和推送学习内容，使学习者个性特征充分展现。教学方式的变革使整个教学活动更趋向灵活化和个性化，从而达到学习的最佳效果。

教师对学习者学习力的培养除了上述策略之外，还可以通过转变教师的教学观念和思维方式，使教育效果在教师和人工智能的合力作用下达到最佳；促进教师的角色从知识灌输者向启发者转变，锻炼并提高学习者思维能力；优化课程设计和教学目标，使学习者高效并有针对性地完成学习任务等。

（三）学校方面

学校作为培养人才的主要场所之一，对学习者学习力的培养起着关键作用。随着人工智能技术的发展，学校不再是知识输出的唯一场所，越来越多利用人工智能技术创建的"学习中心"应运而生。因此，学校应加大与人工智能技术的结合，培养学习者的学习力。全国各学校不再只是为未来职业做准备的、提供智力支持的场所，而是真正为人的终身学习、终身发展而发挥集聚辐射作用的地方。在线课程、讨论小组、实习实践、自我探索和自我完善成为今后全国教育的主流模式，[②] 从而训练学习者交流和合作、思考问题和解决问题的能力，以把学习者培养成德、智、体、美、劳全面发展的创新型人才为目标。

学校教育对学习者学习力的培养起着主导作用，学校教育一旦离开了对学习

---

① 许谦.人工智能视域下高校教师能力的提升[J].盐城师范学院学报(人文社会科学版),2018,38(06):112-115.

② 同上。

者学习力的激发和培养，也就失去了原本存在的根基和发展动力。因此，聚焦和培养学习者学习力不仅是当前研究、反思和提升学校育人质量的重要突破口，还是改进学校育人工作的重要思路和基本指向。[①] 学校对学习者学习力的培养可以从深化教学改革、加强师资队伍建设和建立健全考核机制等方面入手。

学校应加强高水平人工智能师资队伍的建设。智能技术作为新型媒介已在学校较广泛使用，但很多教师对智能方面的知识知之不多。因此，学校应满足各科教师运用智能媒介的不同需求，为教师提供与人工智能领域的专家学者学习的机会和场所。这种学习应对深度学习、人机协作、智能语音处理、智能学习平台和网站等方面进行针对性培训，提升教师运用智能技术的技能，打造一支高水平人工智能师资队伍。一个对智能技术运用娴熟的教师，可以在向学习者传授知识的同时激发学习者学习的积极性和主动性，增加课堂的生命力和活力，久而久之，在潜移默化中提升学习者的学习力。

学校应加强深化教学改革与人工智能相结合，充分发挥其育人作用。当前，我国正处在全面建成小康社会的关键时期。习近平新时代中国特色社会主义思想、党的十九大精神、习近平总书记关于教育的重要论述和全国教育大会精神等，在为推进教育现代化、建设教育强国和办好人民满意教育指明了前进方向和提供了根本遵循的同时，也为学校育人工作提出了本质性要求。[②] 因此，学校教育要实现与人工智能技术的深度融合，深化教学改革，如利用 MOOC 等智能化在线学习平台、多维度扩展学习者知识面、加深其对知识的理解，营造出一个来自五湖四海学习者组成的氛围浓厚的学习课堂。

学校应建立健全智能考核机制和多元评价体系，用制度去规范教师的教学行为和学习者的学习行为。学校应实行线上和线下相结合的考核机制和评价体系：一方面，通过教师定期举行的总结大会和学习者开设的班会，让教师和学习者进行自评和互评，促进教学的反思；另一方面，结合教学数据，对教师的教学行为和学习者的学习行为进行总结、分析，并及时提出反馈和建议。智能考核机制和

---

① 何丽娜，王敬杰．基于学习力培养的学校改进[J]．基础教育参考，2019(11)：75-76．
② 同上．

多元评价体系的建立能够为整个教学活动制订合理的教学计划，从而提升学习者学习效果。

（四）家庭方面

家长作为孩子的第一任老师，家庭教育对孩子具有启蒙作用。因此，家长在孩子学习力的培养和生成方面占据着十分重要的地位。现如今，随着人类生活节奏的加快，家长忙于工作，对孩子的学习情况了解不多不深，导致家长和孩子之间缺乏交流和沟通，这成为目前家庭教育中存在的最大问题之一，家长应意识到这个问题的严重性。因此，在学习和生活中应多尊重孩子、关心孩子，让孩子感受到足够的被爱与关心，而不是一味地以学习成绩来判断、表扬或者批评孩子。

家长应督促孩子制订切实可行的学习计划，每天定时定量完成学习任务，增强孩子的责任感和成就感，从而激发孩子学习动机，提高学习欲望。同时，家长应该意识到每个孩子都是发展中的人，具有巨大的发展潜能，家长应该培养孩子的兴趣爱好，发展孩子的个性，帮助和挖掘孩子的学习潜能。此外，家长应帮助孩子养成良好的生活习惯和独立的学习习惯，进而提高学习力。

总之，智能时代对学习者学习力的培养是多层次、多角度的，除了学习者、教师、学校和家庭方面之外，社会等都应该做出相应的努力，促进教育现代化的实现和培养学习者学习力。人工智能时代的教育，学校在落实立德树人根本任务和办好人民满意教育的过程中，理应对学习力予以关注和培养。这是广大基础教育工作者必须持有的一种基本态度，也是推进教育现代化和培养未来社会合格人才的必然选择。[1]

---

[1] 何丽娜，王敬杰. 基于学习力培养的学校改进[J]. 基础教育参考，2019(11):75-76.

第五章

学习中介：智能时代学习成功的要素

方法：事半功倍的学习因素

工具：人机协作学习的力量

数据：从因果到相关的思维转变

环境：不容忽视的学习条件

在智能新时代，大数据和人工智能技术广泛渗透于生产和生活的方方面面，对人们的学习也产生了深刻的影响。智能技术对学习方法、学习工具、学习数据和学习环境等学习中介，都产生了颠覆性的影响，特别是思维方式的转变和人机协作学习的出现具有重要的方法论价值。学习中介作为智能学习获得成功的不可忽视的要素，学习者和教师都必须对其有一个深刻的把握。

一、方法：事半功倍的学习因素

从古至今，人们在学习活动中一直追求学习效率，学习效率的高低能够在很大程度上反映学习者学习的综合表现。而学习效率与学习方法的联系十分紧密，如果学习方法运用得当，就会得到事半功倍的学习效果。因此，人们在注重学习效率的同时，必须首先把关注点转到学习方法上。学习活动是一种复杂的认识活动，需要学习者坚持不懈的努力和脚踏实地的学习，但是学习方法对学习效率和效果的影响是不言而喻的。随着科学技术的日新月异，人们越来越重视学习效率，学习方法的选择和使用就显得尤为重要。

学术界对"方法"的定义尚未统一，但一般都指主体为了获得某种东西或者达到某种目的而采取的方式和手段。学习方法的定义比较笼统和宽泛，平时学习过程中的课前预习、课堂认真听讲、做笔记、课后复习巩固等可称之为学习方法，强化、消退和惩罚等也可称之为学习方法。总的来说，学习方法可以概括为通过长期的学习经验所总结出来的并且作用于学习者学习效率的方法。法国物理学家朗之万在总结读书的经验时指出："方法的得当与否往往会主宰整个读书过程，它能将你托到成功的彼岸，也能将你拉入失败的深谷。"由此可见，学习方法对整个学习活动的重要性。

成绩好的学习者与成绩相对较差的学习者的区别往往在于学习方法的使用。科学测试证明：95％的人智商介于70～130之标准范围，只有2.5％的人智商低于70，可见智力绝不是影响学习效果的决定因素，关键还是在于学习方法。由于学习的不同阶段、环节、年级和科目所需要的学习方法各不相同，所以在对学习方法的选择和使用上要随着具体的情况而转变。学习成绩好的学习者一般使用的学习方法都比较好，所以能够取得较好的学习成绩；而学习成绩相对较差的学习者可能没有掌握正确的学习方法，所以学习效果并不理想。

智能时代的学习对教师和学习者提出了新要求，如要求教师向学习者传授学习方法，而不仅仅是理论知识；同时也要求学习者能够进行自主学习等。目前，我国大多数老师只限于向学习者传授知识，并没有向他们传授适合学习者的学习方法，这导致学习者在学习过程中需要花费大量时间苦苦寻求适合自己的学习方法，往往事倍功半。在最高层次的教学活动中，教师的"教"是为了"不教"，追求的是让学习者"会学"，而不是"学会"。学习方法千篇一律，有效的学习方法万里挑一，学习者要在教师的引导下，在学习活动中进行自主学习，从而摸索出适合自己的学习方法，只有适合自己的学习方法才能取得最佳的学习效果。

智能时代需要的是高素质创新型人才，而学习者为了不落伍于时代，就必须拥有超常规的高效学习方法，进而提升自己的学习力。在学校教育中，每个学习者都能获得同等的学习时间和学习资源，学习者要想从众多的学习者中脱颖而出，就必须掌握科学、高效的学习方法。在智能新时代，学习者只有具备科学高效的学习方法才能与时俱进、走在时代的前列。

智能时代的学习方法具有以下几方面的特点。

学习方法以学习者为中心。传统的学习都是以教师为中心，或者以教师、学习者双主体为中心，虽然在后来的教育改革中倡导教育应该以学习者为中心，但是在很多实际教学中并没有真正落实。在传统的学习活动中，学习方法以死记硬背和机械重复为主，这种单调、枯燥的学习容易使学习者对学习产生懈怠和抵触心理。智能时代出现了以智能技术为基础的辅助学习者进行学习的多种智能学习方法，并且把学习的主动权归还给学习者，学习者可以根据自己的学习情况选择适合自己的学习方法，在学习方法的选择和使用上真正凸显了学习者的中心地位。

学习方法具有多样性。智能时代的学习方法因学习目标和学习内容的多样性以及学习者的个体差异性导致学习方法具有多样性。智能时代的学习方法既包括传统的学习方法，如预习、听课、作业、复习、考试等，也包括心理学所讲四类经典学习方法，如正强化、负强化、消退、惩罚，同时还包括按照不同学习形式划分的学习方法，如接受学习、发现学习，自主学习、探究学习，意义学习、机械学习，独立学习、合作学习等。智能时代需要高素质、创新型、探究式人才，所以即使学习方法具有多样性，但在学习方法的选择和使用上更强调学习者的自主学习、合作学习和探究式学习。

学习方法具有差异性。智能时代的学习中融入了大数据、物联网、互联网、人工智能等多种智能技术，出现了人机协作、人机融合的局面，如机器人教师、计算机辅助教学、智能学习媒介在学习活动中的运用。虽然智能时代的学习方法众多但不一定适合所有学习者，学习方法表现出一定的差异性。根据这种差异性，学习者可以根据自己的兴趣爱好和个性特点选择适合自己的学习方法，从而激发学习者学习积极性和培养其学习兴趣。

学习方法具有实践性。智能科技在学习领域的运用，不仅有助于促进真实情景和虚拟情景的结合，还有助于借助智能技术模拟真实情景并还原真实情景，为学习者提供更多实践场景。学习活动中呈现出来的现场教学、角色扮演、游戏和练习等都具有真实性和实践性，在智能学习背景下的学习活动能够给予学习者一个真实或带有刺激的真实场景，所以不管选用何种学习方法都能体现其实践性。

学习方法作为智能时代学习成功的要素之一，掌握合理、科学的学习方法可以使学习者在最短的时间内达到事半功倍的学习效果。因此，每个学习者都要根据自己的实际情况选择最佳的学习方法，从而使学习达到事半功倍的效果。

二、工具：人机协作学习的力量

"工欲善其事，必先利其器"。任何高效的学习方法除了教师的指导和自己的摸索外，还离不开学习工具的支撑。学习工具是辅导学习、使学习效果达到更理想层次的学习中介。学习工具随着科学技术的不断发展而变得越来越先进，也就是说学习工具是处于不断更新和发展之中的。学习工具的发展是动态的，新的工具不断出现，每种工具应用的效能也在不断变化。这说明在学习这个动态过程中，学习者需要得到更多且更细致的技术支持和帮助，且这种需要从没停止过。所以学习工具需要不断完善与发展，其功能也需要不断细化与扩展，[①] 进而达到

---

① 穆肃，郭鑫. 学习工具发展的"风向标"——基于对 2012 年 TOP100 学习工具变化趋势分析[J]. 现代远程教育研究，2014(01)：42-48.

更理想的学习效果。

学习工具随着时代的进步而不断变化发展（如图 5-1 所示）。在远古时代，学习工具最开始以石头、算盘、贝壳为主。在近现代的学习活动中，学习工具大多以教材、粉笔、黑板、字典等为主。随着科学技术的不断发展，学习工具趋向多样化，开始出现了 MP3、点读机、多媒体等多种教学和学习工具。

现如今，随着大数据、互联网、人工智能等各种智能技术的普及，人类社会进入智能时代，我们的学习工具趋向多样化的同时更倾向于智能化，学习活动也融入了各式各样的智能化学习工具，使学习面貌焕然一新。智能机器、学习平台、网站以及在线学习课堂的普及和运用，使学习方法更加科学、高效，也使整个学习活动充满活力和生机。智能时代的学习实现了人机交互、人机协作的局面，"人机协作"将成为智能时代学习领域最显著的特征。

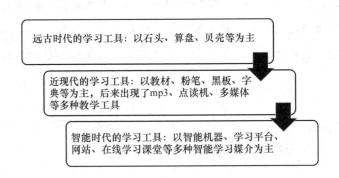

图 5-1　学习工具的发展趋势

人工智能技术的普及和运用，使智能机器对人类产生了颠覆性影响，智能工具在学习领域的运用给我们的学习带来了前所未有的价值。由于智能技术的影响，智能时代学习的知识形态将逐渐增多，先后出现"软知识""人机知识"、"暗知识"等各种新型知识。

"软知识"是相对于"硬知识"而言的。"硬知识"是指被明确定义、能够被长期保存下来的知识，而"软知识"是指随着智能技术的普及和更新而不断产生的知识，这种知识将随着智能技术的发展而一直处在动态的发展过程中。两种知识之间并没有明确的划分依据和界限，并且软硬知识在一定条件下可以相互转化。在智能时代的知识体系中，相对于"硬知识"来说，"软知识"将成为重要知识。

智能时代知识产生主体发生了由人到"人-机"双主体的变化，从而产生了"人-机知识"。在人类步入智能时代之前，人是知识产生的主体，知识的生产、运用、加工、处理，以及传授知识、检查作业、批改作业等一系列简单机械性工作都由人类教师完成。在人类步入智能时代后，随着智能技术的发展，技术专家在机器体内植入人工神经网络芯片，使机器具备人脑的某些功能，能够分析和处理数据，从而产生新的知识。这种机器在人类超高技术的操作下共同作用而产生的知识叫作"人-机知识"。在这种情况下，人类教师将会从繁重的工作中解放出来，有更多的时间和精力提升自己的专业知识和专业技能，而机器则能更高效、快捷地完成工作。

随着智能技术的深入发展，未来还可能出现"暗知识"。"暗知识"是相对于"明知识"而言的，"明知识"又称作"显性知识"，是指能够被明确表达出来的知识；"暗知识"又称"隐形知识"，是指难以被结构化表达出来，但是又存在于我们的学习和生活中。智能时代"暗知识"的产生和出现需要人类长期的努力，就目前人工智能社会发展的初级阶段来说，这种"暗知识"需要在智能技术高度成熟的情况下才能产生。

机器作为智能时代辅助人类学习的主要工具，其学习方式源于人类学习，又高于人类学习。一方面，智能专家可以把原先存在的硬知识和明知识编入机器系统中，在教师的辅助下，帮助人类学习；另一方面，机器可以进行自主学习，通过给机器植入人工神经元网络，从而构建一个类似于人类大脑的网络体系，使机器具备自行进行深度学习的条件。虽然被植入人工神经元网络的机器在记忆力、信息储存能力和处理能力等多方面具有人类大脑无法比拟的优越性，但由于人类大脑是知识的主要发源地，终究无法被智能机器所取代。

由于智能时代借助了智能工具，学习方式已经从人类学习发展到"人机协作"式学习，随着智能技术的不断深入，人机协作学习在学习领域占据着越来越重要的地位。智能机器除了提供学习的工具、环境、平台、资源等之外，还会

"独立"地参与信息和知识的加工处理，甚至可以与人类合作生产"知识"。因此，智能时代有可能出现多种形式的合作学习，如人与人的合作、人与机器的合作、机器与机器的合作、人-机-人合作。未来的合作学习，既有人的参与，也有智能机器的参与，人与机器共同进行合作学习将极大地提高学习的速度、广度与深度。[①] 智能工具在学习领域的运用将使"人机协作"式学习成为智能时代的主流学习形式（如图5-2所示）。

图 5-2　人机协作[②]

智能机器作为学习的一种工具，以人类的学习者、教师和学习伙伴的角色（如图5-3所示）存在于智能时代的学习活动中。智能机器作为人类的学习者出现在智能机器发展的初级阶段，在这个阶段，智能技术领域的专家们通过各种算法和大数据等新型技术训练机器，使它们掌握人类的基本知识，为人类做一些简单的工作。

图 5-3　智能机器扮演的角色

① 王竹立. 论智能时代的人-机合作式学习[J]. 电化教育研究，2019，40(09)：18-25＋33.
② 图片来源：http：//01. imgmini. eastday. com/mobile/20170815/20170815052347 _ d3deba8e2ce8cb a843ac9f98aa3009b0 _ 3. jpeg)

智能机器作为人类的教师主要出现在智能机器发展的中级阶段，在这个阶段，机器已经掌握大量的知识，可以作为人类的教师向学习者传授知识。

智能机器作为人类的学习伙伴主要出现在智能机器发展的高级阶段，在这个阶段，人类与智能机器人一起学习、探索未知事物。一方面，智能机器可以帮助人类完成一些基础性和复杂性的工作，使人类从繁重的工作中解放出来；另一方面，智能机器人还可以通过算法和数据分析等程序完成单靠人类自身根本无法完成的任务。人类的长处是善于进行"软思维"，而智能机器人则在"硬思维"上更具优势。所谓"软思维"是指非逻辑、非程式化思维，包括形象思维、联想思维、直觉思维、灵感与顿悟等；"硬思维"指的是逻辑思维、程序化思维、计算思维等。在"硬思维"上，人类无论是在思维过程的正确率，还是思维速度上，都远不及智能机器人。因此，智能机器人可以通过对大数据的深度挖掘，发现万事万物之间不为人类所知的隐秘关系；人类则善于通过"软思维"，举一反三，触类旁通，创造新的知识与事物。人类与智能机器人优势互补、紧密合作，可以产生出前所未有的成果。[①]

在人机协作的智能学习中，机器扮演着重要角色：辅导学习者进行学习的助教、学习者心理辅导员、学习者成长和学习的分析师、学习者的保健医生、班主任等众多角色。机器与人类最大的不同就在于通过数据收集和分析关注学习者的个性化需求，为学习者智能推荐适应其学习的学习内容，从而促进其个性化发展。

智能工具在学习领域的介入，不仅体现在知识、机器角色的变化之中，还体现在教师角色的变化之中。未来的教育将是教师与人工智能协作共存的时代，教师与人工智能将发挥各自的优势，协同实现个性化的教育、包容的教育、公平的教育与终身的教育，促进学习者的全面发展。[②] 在人工智能技术的影响下，教师的角色将发生重大的变化。智能机器将教师从烦琐、机械性的工作中解放出来，完成如帮教师检查和批改作业等任务，与此同时，智能机器将辅助教师教学、帮

---

① 王竹立．论智能时代的人-机合作式学习[J]．电化教育研究,2019,40(09):18-25＋33．

② 余胜泉．人机协作:人工智能时代教师角色与思维的转变[J]．中小学数字化教学,2018(03):24-26．

助教师完成目前无法完成的工作等。

"人机协作"式学习使人类教育重新回到"教书育人"的本质。所谓教书育人，是指教师关心爱护学生，在传授专业知识的同时，以自身的道德行为和魅力，言传身教，引导学生寻找自己生命的意义，实现人生应有的价值追求，塑造自身完美的人格。人类社会进入智能时代之前，我们的教育模式以"应试教育"为主，然而在应试教育的长期影响下，老师批改作业等大量重复性、机械性工作占据了大量时间和消耗了大量精力，导致老师对"育人"工作感到力不从心。在智能时代，机器能够代替老师完成简单、机械、重复的工作，如批改试卷、记录成绩等，使老师有更多的时间和精力从事育人的工作。由此可见，在智能新时代，机器与老师的合力协作能够使教育的本质重新回归。

"人机协作"式学习能够使"有教无类"和"因材施教"成为可能。在传统的教育模式下，上课形式采用的是"一对多"的班级授课制，由于每个学习者存在性格和智力等多方面的差异，仅仅一位老师不可能对所有学习者做到有教无类和因材施教，而智能时代下的学习使其成为可能。在"人机协作"式学习方式下，教师在了解学习者的基础上结合大数据分析，能够更确切地了解和教育每个学生，实时跟踪其学习情况，调整教学计划和进度。

"人机协作"式学习为人类的学习提供了新的学习方法和手段，促进其个性化学习和自主学习。"人机协作"式学习是人工智能技术和大数据在学习领域的创新和发展，是对学习手段和方法的进一步优化，为学习者的学习提供了最优学习路径。一方面，这种新型学习方式充分利用大数据对学生的学习情况和学习习惯进行分析，使机器、老师和学习者自身能够清晰地了解学习者的具体情况，并且能对学习者的下一步学习进行预测和规划，为其推送适合学习者情况的学习内容，尽可能地让学习者拥有更好的学习体验，促进其个性化学习。另一方面，人机协作不仅包括机器和老师的协作，还包括机器和学习者的协作，在这种学习方式下，学习者被赋予主体地位，能够发挥其主体性，进行自主学习，从而不断提升学习者自主学习能力、创新能力和探索能力等。

随着大数据、智能技术的飞速发展，我们智力发展速度跟不上技术的发展速度。因此，我们要借助智能工具来发展我们的智慧，辅助人类的学习，人机协作成为智能时代学习发展趋势。人机协作实际意味着分工合作，在智能背景下，人和机器各自发挥着自己独特的优势。未来，随着脑机接口研究的发展，人类与智能机器的结合有可能越来越紧密，最终出现人与智能机器连成一体的"超人"，机器人将在更多领域代替人类工作，人类的大脑可能通过无创或有创的方式与智能机器网络实现物理对接，从而更方便地与智能机器人进行信息的沟通与交流，人类可以通过大脑的意念指挥智能机器的行动，也可以直接获取智能机器网络中的信息与知识。[①] 智能时代，人类已经不再作为单一的个体存在，而将是个体与机器的统一体。

三、数据：从因果到相关的思维转变

数据在学习中的作用随着时代的发展逐渐被凸显出来，尤其是在大数据和人工智能时代，数据就显得至关重要。大数据的产生和发展能够促进人类工作、生活、思维的大变革，将对人类生活的方方面面产生颠覆性的影响，它的到来标志着人类生活将面临一场新的革命。

大数据产生于全球数据暴增的背景下，是各种数据的集合体。大数据产生之初是一个 IT 行业的技术术语，被定义为所涉及的数据量规模巨大到无法通过人工在合理时间内达到截取、管理、处理并整理成为人类所能解读的信息（Wikipedia：Big Data，2014）。大数据的核心特征常被概括为"4V"，即数据量大（Volume，一般认为在 T 级或 P 级以上）、输入和处理速度快（Velocity）、数据多样（Variety）和精确性（Veracity）。大数据技术几乎在所有领域都拥有非常广阔的应用前景，通过对海量数据进行模型构建，有利于挖掘事物的变化规律，准确预测事物发展趋势，进行及时有效地干预。[②]

————————

① 王竹立. 论智能时代的人-机合作式学习[J]. 电化教育研究，2019，40(09)：18-25＋33.
② 杨现民，唐斯斯，李冀红. 发展教育大数据：内涵、价值和挑战[J]. 现代远程教育研究，2016(01)：50-61.

大数据的发展大致经历了萌芽时期（1980—2008 年）、大数据成长时期（2009—2012 年）、大数据爆发期（2013—2015 年）和大数据快速发展期（2016—2019 年）四个时期。虽然大数据在我国的发展比较晚，但由于国家对大数据的重视——大力发展数字经济、推进数字中国的建设，大数据在我国将迎来高速发展阶段。

人类的学习在智能时代面临着巨大的挑战，数据与学习的结合成为智能时代学习活动的必然要求。数据是事实或观察的结果，是对客观事物的逻辑归纳，是用于表示客观事物的未经加工的原始素材。学习活动中的数据可以理解为教师的教育方法、教学目标、教学内容、教学资源、教学媒介，以及学生的学习成绩、平时表现、完成作业等情况的总和。

随着时代的发展和大数据影响的不断深入，大数据的含义也在不断发生变化。大数据不仅是一种技术，还是一种能力，即从海量复杂的数据中寻找有意义关联、挖掘事物变化规律、准确预测事物发展趋势的能力。大数据更是一种思维方式，即让数据开口说话，让数据成为人类思考问题、做出行为决策的基本出发点。[①] 在智能时代，人类的所有活动都将被大数据所记录。在学习领域，大数据与学习活动的联系十分紧密，合理正确使用大数据将对学习产生不可估量的影响。

大数据逐渐对人类产生潜移默化的影响，智能时代大数据在学习领域的融入，即学习领域的大数据是智能时代大数据的一个子集，主要表现出以下几个特征。

学习领域的大数据具有复杂性特征。数据的复杂性主要体现在数据源、数据与数据的相关性两个方面。一方面，学习数据来源于各个独立的数据库，各学习数据之间可能是联系少甚至是没有联系的，导致在学习数据的组合上存在一定的困难。另一方面，各学习数据之间又存在着复杂的相互关系，删除或增加某一个或者某一部分数据，可能会导致对其他数据进行分析时出现误差或错误。在智能时代，可能部分数据使用者缺乏对数据分析的工具和手段，学习数据的复杂性会

----

① 杨现民，唐斯斯，李冀红．发展教育大数据：内涵、价值和挑战[J]．现代远程教育研究，2016(01)：50-61.

影响人们对学习数据的充分利用。

学习领域的大数据具有多样性特征。大数据的多样化特征一方面主要指数据中存在着各种各样的不兼容的数据格式、不匹配的数据结构和不一致的数据语义，给有效的数据管理造成极大困扰，[①] 例如，学习数据中存在着大量的结构化数据、半结构化数据和非结构化数据。另一方面，学习数据的多样性特征体现在数据的来源上，学习数据的来源主要包括学习过程和学校生活中产生的数据，如学习活动、学习评价、打印资料等，此外还包括学习管理和学习研究中采集到的数据，如学生基本信息、科研设备、科研材料等。

学习领域大数据的容量越来越大。学习领域的数据相对于其他行业的数据来说相对较少，但由于国家对教育的重视以及智能技术在学习领域的运用，智能时代学习领域数据相对于传统学习领域的数据来说其容量越来越大。在智能时代，学习各个方面受到智能技术的影响，出现了适应时代发展的智能学习方式、学习平台和学习资源等。在这种情况下，学习数据不仅包括文字、数字、图片、视频和音频等，还包括各种在线优质课堂的内容。此外，学习领域的单个数据库可能并不大，但是多个数据库结合起来就能形成大数据库，也就是说学习领域的数据可以像其他数据一样，由多个数据库集合起来从而形成大规模、大容量的数据库。随着我国经济和智能技术的快速发展，学习数据的采集、储存和管理的成本大大降低，人们认识到学习数据的巨大价值，因此学习领域数据的容量将会持续扩大。

学习领域大数据具有高速化特征。学习领域数据的高速化特征不仅体现在数据产生上，还体现在数据的获取、处理和传播上。随着信息化程度的提高，智能学习媒介的出现和应用使数据表现出高速化特征。以在线学习平台 MOOC 为例，学生进行在线学习时，系统会自动采集学生学习过程中产生的学习数据，包括学生的 IP 地址、看视频的时间、做题的时间和正确率等。这些数据在生成的同时被快速处理，为学生提供个性化学习方案，以便于学生调整自己的学习进度和状态，从而达到最佳的学习效果。同时，智能时代是互联网技术高速发展的时代，

---

① 牟歌,王军,王浩浪,等.教育领域数据的大数据特征分析[J].教育现代化,2016,3(15):30-33＋46.

学习数据的传播随着互联网的发展而不断加快。

学习领域大数据具有真实性特征。真实性这一特征关注的是数据的不确定性或不可靠性，意思是我们在对大数据进行处理或综合的时候必须要保留原始数据的特征。[①] 保证大数据复杂、多样、容量大、高速有效的前提是保证数据的真实性，只有数据真实可靠，才能得出有价值的结果。影响数据真实性的客观因素有很多，如录入学生成绩失误，系统对学生观看课程的时间也存在不确定性，有的学生可能开着电脑并没有学习、可能在打游戏或者进行其他娱乐活动；有的可能因为网络不稳定，下载离线视频观看；还有的可能几个学生一起观看，导致有的学生观看时间为零。这些客观数据并不能保证数据的真实性，因此我们要正视这些缺陷、采取方法务必保证数据的真实性。

综上所述，学习领域大数据的特征符合智能时代大数据的发展趋势，因此我们要用大数据思维来看待大数据在学习领域中所产生的价值。

每个时代都有每个时代特有的思维方式，思维方式随着时代的变化而不断变化。在智能时代到来之前，人类大多持有因果关系的思维方式，这种思维方式倾向于"是什么、为什么、怎么做"的逻辑思考。随着智能时代智能技术的高速发展，人们追求更高效解决问题的方法，普遍认为相关关系比因果关系更有效。智能时代也是数据时代，数据使人与人之间的联系更为密切，将促进思维方式从侧重因果关系到侧重相关关系的变革。

相关关系是指一个事物的变化必将引起另一个事物的同步变化，那么我们可以说这两种事物相关。众所周知，沃尔玛在很多年前就用相关关系进行销售，通过观看顾客的消费记录，他们发现尿不湿和啤酒销量都很大，可能谁也没想到正是这样看似毫无关联的两个物体呈现出一定的相关性。因此，通过这种相关关系，沃尔玛的管理层决定把尿不湿和啤酒摆放在一起，结果发现两者的销量大幅度上升。此外，还有在飓风来临之前，销量上升的不止手电筒，还有蛋挞、海边冰激凌和太阳镜销量都升高的例子。从这些例子可以看出，我们采取相关关系的思维方式直接使用了结果，并没有对其进行原因分析。

---

① 牟歌,王军,王浩浪,等. 教育领域数据的大数据特征分析[J]. 教育现代化,2016,3(15):30-33＋46.

在传统的学习过程中，老师向学习者传授理论知识时，注重"是什么、为什么、怎么做"的逻辑顺序，而在智能学习过程中，有时候我们对某个问题并不一定要钻牛角尖。智能时代的大数据思维的转变，并不是要我们放弃对因果关系的探索，我们要根据实际情况合理、灵活运用因果关系和相关关系来解决学习活动中遇到的实际问题。

四、环境：不容忽视的学习条件

学习环境作为智能时代学习中介之一，是不容忽视的学习条件。人类进入智能时代，学习环境发生了翻天覆地的变化，各种智能元素融入传统的学习环境之中，为学习环境注入了活力和生命力，并且对传统的学习形成了一定的冲击和挑战。智能社会的学习环境对学习产生了重要影响，学习者需要对学习环境有一个深刻的把握和理解。

学习环境这一概念来源于构建主义学习理论，它是指支持学习者进行学习活动的一切外部条件和内部条件。广义的学习环境是指社会学习环境、家庭学习环境、学校学习环境，以及其他一切学习环境的总和。狭义的学习环境主要是指学校学习环境，包括校风校纪、师资力量、教学设备等，这些都是进行学习活动的重要条件。智能时代的学习环境突破了学校学习时间和空间的限制，是一种作用于学习者学习的"无边界"的学习环境。

无边界学习环境是智能时代学习发展的新趋势，它通过智能网络科技，构建智能学习平台，开发优质学习资源，形成在线学习课堂，学习者可以通过直播或重播的形式（不受时间和地域的限制）进行课堂或者课下的扩展学习，这为学习者提供一种无边界的学习。

智能时代下的无边界学习环境是基于智能的特质。一方面，课堂上的每个老师和学习者都能手持移动终端（手机）进入课堂，一切学习活动都可以通过手机在线完成；另一方面，学习者除了课堂学习之外，还可以在公交站、地铁站、餐厅等多种场所利用手机进行无边界学习。智能时代下的无边界学习环境使学习内容趋向多样化，互动趋向智能化和个性化。

20世纪50年代末，计算机辅助教学诞生，随后10年间，人们把人工智能技术和计算机辅助教学技术结合起来运用于教学活动中，但由于受当时科学技术和经济水平的限制，还存在一些弊端。20世纪90年代，智能学习环境在构建主义学习理论的基础上被建立起来，它是对之前的学习系统不足之处的弥补和发展。

智能学习环境是一种场所、活动空间或工具，它能激发学习者学习兴趣，能通过活动引导学习者建构式地学习，同时强调概念的理解；智能学习环境具有开放性、合作性和异步性，它不仅提供丰富的学习资源，而且便于不同学习群体之间有意义的交互；智能学习环境是由学习者自主驱动的，具有交互性、交流性、合作性和导航性；智能学习环境以学习者为中心，提供丰富的教学材料，支持实时信息访问，建立个性化学习模式，构建自动易用的工具集，允许方便的互动交流；智能学习环境是智能教学系统的一般化。① 总之，在科技迅猛发展的时代，智能学习环境的开发和建设对人类的学习具有十分重要的意义。

现如今，随着人类步入智能时代，智能科技的发展和新时代学习者对新型学习环境的迫切要求使智能学习环境再次得到重视。一方面，智能技术的发展为智能学习环境的再次出现提供了技术支持。随着大数据、物联网、互联网、云计算、人工智能等智能技术在教育和学习中的普及和运用，各种智能机器人、智能电子设备、智能学习平台和网站等进入学习课堂，出现了移动学习、泛在学习、智慧学习等多种信息化学习形式，学习环境也随之步入智能化。另一方面，新时代学习者对新型学习环境的迫切要求为智能学习环境再次受重视提供了动力支持。随着智能技术的更新迭代，学习者的学习速度跟不上知识更新速度，他们迫切需要智能化的学习环境为其提供智能手段去获取知识和信息。

智能学习环境的产生符合历史发展趋势，它是一种融入智能媒介的新型学习环境（如图5-4所示）。智能学习环境作为学习者学习的隐形催化剂，为学习者掌握更科学、更高效的学习方法提供了更多的可能性。因此，不管何种学习环境

---

① 钟国祥,张小真.一种通用智能学习环境模型的构建[J].计算机科学,2007(01):170-171＋197.

都必须介入到具体的学习过程中，诱发学习表现，从而判断其心理及行为变化的关键因素。从多媒体技术到人工智能技术的应用都在努力创设学习、评价与反馈环境，将真实世界的问题带入课堂，提供"支架"参与复杂认知活动，获得智能导师、智能学伴的指导与反馈。①

图 5-4　智能学习环境②

　　智能学习环境的功能表现在很多方面，主要包括概念学习、问题解决、自适应导航、教学指导、学习伙伴等功能（如图 5-5 所示）。概念学习功能，即智能学习环境不仅注重学习者学习的过程，还注重学习者对各种概念的理解和掌握；问题解决功能，即智能学习环境为学习者提供真实或者虚拟的学习环境，帮助学习者在实践中检验知识和构建知识，从而发现问题、分析问题和解决问题；自适应导航功能，即智能学习环境能够根据学习者的数据为其制订适宜的学习计划和推送学习内容等；教学指导功能，即智能学习环境能够自动根据教师的教学数据，模仿教师的教学风格为学习者提供学习指导，减轻教师的教学负担；学习伙伴功能，即智能学习环境能根据学习者的学习行为为其提供类似的学习伙伴同时进行学习。

　　智能学习环境有别于传统学习环境和普通数字化学习环境，是其他学习环境的高端形式，具有其他学习环境无可比拟的优越性。

---

①　郭炯，郝建江．人工智能环境下的学习发生机制[J]．现代远程教育研究，2019(05)：32-38.

②　图片来源：http：//5b0988e595225. cdn. sohucs. com/images/20190729/942c45ef0e4d40b3b3766226
8690b53d4. jpeg

智能学习环境是一种自适应学习环境，它能够自动适应学习者的学习风格和学习能力。以知识表示、自然语言处理、机器学习与深度学习、情感计算等人工智能技术为核心的智能教育系统或工具相继面世，为创设智能化的教学环境夯实了物质基础；另外，以教育学、神经科学、心理学、社会学等为主要内容的学习科学，更是为人工智能教学实践提供了理论指导和科学依据。[①] 智能学习环境在人工智能技术的推动下，能够对学习者的学习情况进行诊断、分析，自动适应学习者的学习风格和学习能力，为其推送适合学习者的学习内容和制定学习策略。

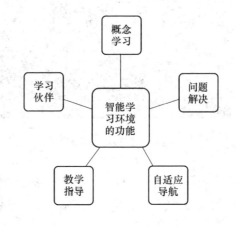

图 5-5　智能学习环境的功能

智能学习环境使终身学习成为可能。智能学习环境冲破了传统学习环境——校园"围墙"的限制，人们的学习不再局限于固定的上课时间、特定的教室和特定的年龄阶段。在智能学习环境下，出现了多种学习形式，学习者可以利用智能移动设备随时随地进行移动学习、泛在学习和碎片化学习，不断促进自身能力素质的提高和终身发展。智能学习环境的建立实现了学习从"围墙"到"无边界"的变化，贯彻了"终身学习"理念，使人类社会"人人皆学、时时能学、处处可学"的目标的实现成为可能。

智能学习环境以学习者为中心，使每个学习者的个性得到充分发展，学习者的自我学习、交互学习和个性化学习等都能在智能学习环境中得以充分发挥。在整个学习环境中，学习者是学习和发展的主体，要充分认识"人"在学习中的独

---

① 郝祥军,王帆,祁晨诗. 教育人工智能的发展态势与未来发展机制[J]. 现代教育技术,2019,29(02):12-18.

特价值，以人的"全面发展"和"自我实现"为目标，以对学习者内在潜力、动机和热情的信任为前提，以学习者生活经验和社会现实为媒介，以学习者知情意行和谐共进为标尺。[①]

综上所述，智能学习环境是一种人与智能技术高度融合的面向未来的学习环境，它的实现和运行需要智能技术的不断更新和渗透。同时，它还能够促进学习者学习行为和创新能力的发展。智能学习环境作为智能时代不容忽视的学习条件，对人类的学习和发展具有不可替代的作用。

---

① 艾小平,杨川林. 以学习者为中心的开放大学课程开发[J]. 现代远距离教育,2013(06):57-61.

第六章

学习平台：虚拟与现实的结合点

传统学习平台：弊端分析

智能学习平台：价值分析

智能新形态：智能学习平台的搭建与管理

MOOC（慕课）：智能学习平台的典型代表

智能手机：移动学习平台

新方法论：如何利用好智能学习平台

人类进入智能时代之前，课堂学习是主要的学习平台。随着人类步入智能时代，传统的学习平台已不能适应时代发展大趋势，学习平台出现了新形态，并逐渐趋向智能化和多样化。

一、传统学习平台：弊端分析

在我国教育发展过程中，课堂作为主要的学习平台在相当长一段时间内取得显著的教学成效，并在班级授课制的长期实践下形成了以教师为中心、以教材为中心、以课堂为中心的"三心"主义教学模式。教学流程大致是：预习课本、讲授新知识、复习旧知识、巩固知识和布置作业。

1999 年，我国正式启动了新一轮基础课程改革。新课改实行二十多年来，很多学校班级授课制的教学形式仍然没有根本性改变，课堂式学习平台依旧是学习者进行学习的主要手段和媒介。教师是学习活动的主导者，教师以教材为依据，按照课程标准向学习者传递知识，整个学习过程大致呈现教师讲授、黑板板书（或 PPT 演示）、学习者学习、巩固练习、复习考试等特点。在这种教学形式下，教师能够根据学习者的表情、语言和课堂互动的表现获得反馈信息，及时改进和提升教学技术。但随着互联网、大数据和人工智能技术的快速发展，人类进入了智能时代。传统学习平台在智能时代的冲击下，其弊端日益显现，主要表现在以下几个方面。

教师主导地位突出，学习者主动性容易被忽视。传统学习平台的教学是"以教师为中心"的教学，教师主导着整个教学活动，是教学活动的中心，是知识的传授者、课堂活动的组织者。在这种情况下，学习者作为知识接受者，其学习主动性容易受到影响。在这种传统学习平台下，教师试图通过语言表述和行为示范使学习者获取知识，这样的学习往往呈现枯燥、乏味等特点，学习者的主体地位不仅不能显现出来，而且不利于调动学习者课堂参与的积极性和主动性，这种现象已不能适应时代发展的需要。智能时代下的学习应该凸显出学习者的主体地位，教学活动以学习者为中心，激发学习者的积极性和主动性。

以分数为导向的学习注重的是培养学习者的应试能力，不利于其综合素质的提高。应试教育以"分数"为指挥棒，注重学习者对知识的掌握程度，以学习者的分数来衡量学习质量的高低。教师以学习者的分数来评价学习者，而学校则以学习者的成绩来评价教师，这样环环相扣，使学习难以摆脱以分数为导向的局面。这种以分数为导向的学习比较注重学习者升学、考级的结果，不利于学习者的个性化发展和全面发展。智能时代的学习应以促进学习者的全面发展和个性化发展为导向，以学习者的综合素质来综合评价学习者，而不单单依靠分数。

学习者容易形成盲目崇拜书本和教师的思想。就课堂式学习平台下的学习来说，一方面，课本上讲授什么，学习者就学习什么，学习者很多情况下对知识进行依葫芦画瓢似的复制，这就容易导致学习者盲目崇拜书本，不利于培养和开发学习者独立思考和创造性思维的能力。孟子曰"尽信书，则不如无书。"这警醒人们要养成独立思考的习惯，做到"不唯书、只唯实"。智能时代下的学习注重的不仅是学习书本理论知识，更重要的是让学习者学会如何思考、如何创新和如何把所学的知识应用于实践。另一方面，教师在学习者心中拥有崇高的地位，容易使学习者形成盲目崇拜教师的思想。教师的权威是导致这种思想的重要因素之一。所谓教师权威，是指教师教学活动中使学习者信服的威力或者影响力。而智能时代下的师生关系不再是权威专制型，而是民主平等的新型师生关系。

学习者课堂参与度不高，学习效果不太明显。一方面，在课堂式教学环境下，教材大纲决定着教学内容应该教什么，而教师则根据教材来决定怎么教，教学内容涉及范围相对较窄，不利于学习者创新和探索能力的发展。此外，口授、示范、板书等单一的教学方式是教师常用的方式，在教学活动中新颖、前卫的教学方式的缺乏不利于提高学习者的课堂参与度。另一方面，填鸭式教学和一问一答式的教学不利于学习者的全面发展。当教学活动需要课堂互动时，积极参与互动的主要是教师平时关注的少部分学习者，即使教师提前给学习者思考的时间，被点名回答问题的大部分都是教师平时较为关注的学习者。这会使没有被关注到的学习者在心理上产生一定的挫败感，不利于整体教学效果的提高。智能时代下的学习需要教师不断提高自身专业素养和教学技能，在课堂教学中尽量照顾到每个学习个体，在课堂上给予他们同等表现的机会，调动每个学习者的积极性，从而为课堂注入新的活力，提升学习效率。

在传统学习平台下，存在教师"重教材轻学生""重教法轻学法"的现象，没有真正落实因材施教，不利于学习者的个性化发展。传统的教科书是按照教学大纲严格编写的，因而具有一定的权威性，规定着应该"教什么"的问题，而教师则决定着"怎么教"的问题。课程的教学内容按照教材执行，考试内容也以教材为主，进而以教材来评价学习者。在实际的教学中，教师以教材为中心，大多数情况都是将教材内容灌输给学习者，容易忽略学习者的主体地位，使学习者的个性得不到充分挖掘和发展。

在传统学习平台下，学习者的创新和探索能力较为匮乏。传统学习平台下的学习相对智能时代新型学习平台来说较为枯燥、沉闷，而这种课堂氛围不利于调动学习者的积极性。在传统学习平台下，教师作为课堂活动的主导者，学习者处于被动地位，课堂的纪律和教师的权威给学习者带来一种无形的外在压力，不利于学习者创新和探索能力的培养和发展。

学习者是学习活动的主体，一切学习活动都应该围绕学习者而展开。智能时代下，要深度融合互联网、大数据、人工智能等技术，与时俱进，对传统课堂式学习平台进行改革和创新，走在时代的前列，让学习者按照自己的天性去学习，激发他们的学习热情。

二、智能学习平台：价值分析

随着人类社会进入智能时代，传统学习平台的弊端日益显现出来，而结合智能技术对学习平台进行改革与创新则更能满足学习者的个性化需求，实现人的全面发展，符合科技进步和社会发展需要。与传统学习平台相比，智能时代的学习平台在学习系统、学习资源、学习者的操作性、个性化学习、多元化评价和学习空间等方面，都具有重要价值。

系统趋向智能化。系统智能化是学习平台改革的重要方面。学习系统智能化是指利用智能技术对学习者的学习活动进行智能化的监控记录，根据学习者对相关内容的浏览次数和页面停留时间，为学习者推送其喜欢的学习资源，然后将学习者的学习情况反馈到系统，从而自动为学习者制定个性化学习方案。随着智能时代的加速到来，智能技术进入人们的生活、工作和学习等众多领域。就学习而言，智能技术不仅改变了人类的学习方式和思维方式，而且大大提高了学习效率。目前，国内许多高校都紧跟智能技术的发展步伐，在学校设立学堂在线、爱课程、智慧树等智能化学习平台。

资源共享化。学习资源作为影响学习的要素之一，也是学习平台建设中不可忽视的一部分，对整个学习起着非常重要的作用。传统学习平台的学习资源主要来源于教科书和参考资料。教科书是教育教学的基本依据，是教学内容的载体，也是对青少年进行教育的重要手段。教科书为学习者提供的材料是学习者学习知识和发展能力的基本依据和重要来源，而参考资料则能辅助学习者更好地学习知识、加强对教材知识的掌握和理解。即使进入智能时代，教材和参考资料的作用也是不容忽视的。但在智能时代，除教材和教科书之外，还要加强优质网络课程、名校名师课程、远程直播课程等的开发和使用，利用一切可利用的学习资源建立一个庞大的资源库，实现各种资源的优化共享。

可操作性强。学习平台改革后融入智能技术，学习活动比较注重学习者的自主操作，其主体性被激发，如学习者可自行进入平台注册学习，操作简单易懂。进入平台后，学习者可以根据自己的兴趣爱好选择感兴趣的内容，加入感兴趣的学习小组一起学习。这一切都要学习者自己动手操作，赋予了学习者的主体地位，激发了他们的学习激情。

个性化学习促使个性绽放。改革与创新后的学习平台对每个学习者来说都是"私人订制"，可以使他们的个性得到充分的绽放。学习者从第一次使用平台开始，后台系统都会根据学习者观看视频课程的时间、次数和回答问题的正确率对学习者进行层次划分，由此推测出学习者的学习水平，然后把相应的学习资源推送给学习者，为学习者量身定制个性化学习方案，使因材施教得以真正实现。与传统学习平台相比，智能学习平台更能培养学习者的发散思维和独立思考的能力。改革和创新后的学习平台更能关注到每个学习者的个性特征，促进其个性化发展。

评价多元化。人工智能时代下的学习大多采用线上和线下相结合的混合式教学。因此，学习评价也以线上线下评价结合为主，并按照学习过程分为课前评价、课中评价和课后评价。课前评价包括提前给学习者展示即将学习内容的习题，让学习者凭借已有的知识作答；课中评价包括学习者反复观看视频资源和课堂小测；课后评价包括巩固练习和考试等。这些测试题的设置都有正确答案及解析，但是仅客观试题的评价方式不能反映出学习者的逻辑思维，也不能正确测评学习者的学习结果，因此把系统测评和教师测评结合起来更能确保评价的客观性和准确性，在课后的考试中可以设置适量的主观题，以考察学习者思考问题和解决问题的能力，以及逻辑思维的能力。至于阅卷，教师可以设置改卷标准，让系统自动评阅。除此之外，在学习完课程后，学习者可以进入课程论坛与其他同学进行讨论、互相评价，以增加评价的真实性和可靠性。

重建学习空间。学习空间的重建是指运用新兴智能技术重新设计学习空间，让每个学习者找到适合自己的学习方式。不管是虚拟学习空间还是物理学习空间，学习者都能够顺畅地进行交流和学习。当然，学习者学习的效果与学习空间息息相关，不同的学习空间可以激发学习者产生不同的学习行为。新型学习空间将为师生和生生的多角度、多层次互动提供技术支撑，实现师生和生生的文字、图片、语音和视频交流的同时，打破学习时间和空间的限制，使处于不同时间和地点的学习者可以跨时空和跨地域上同一节课，甚至可以邀请课堂之外的优秀专家和教师通过网络接入课堂进行授课。学习平台空间的重建是大势所趋，需要结合当代的教育理念和新兴智能技术的应用进行重建，使其更好地为学习服务。

智能时代科学技术的迅猛发展为学习平台的改革与创新带来了机遇与挑战。学习平台借助智能技术对传统学习平台的改革和创新必然引起传统学习方式的变革，其在提高学习者学习兴趣和学习效率等方面具有重要价值。在新时代教育改革中，改变学习者学习方式是当下教育改革的重点，让学习者在探究和自主学习中获得知识、能力、情感等方面的综合发展，从而改变学习者被动接受的局面。基于学习者学习中出现的问题，学习平台的改革和创新将对学习者的个人发展和社会进步具有积极的作用，进而提升学习者的综合素质，促进学习的革命。

三、智能新形态：智能学习平台的搭建与管理

随着人类进入智能时代，学习平台也要相应地智能化。智能学习平台的搭建是实现智能时代学习革命的关键。讨论智能学习平台的搭建之前，我们要弄清楚什么是学习平台，什么是智能学习平台。学习平台是指学习者获取知识的媒介或手段，它可以是一个网址、一个 App 或者一座图书馆。智能学习平台是指在数字化学习的基础之上融合智能技术给予学习者全新的学习体验，智能学习将成为未来普遍认同的一种新型学习模式，具有智能化、个性化、高效化和便捷化等特点。因此，搭建好智能学习平台至关重要。

智能学习平台的搭建是未来教育的趋势，虽然此类种类很多，但是其基本原理和搭建方式都大同小异，如图 6-1 所示。

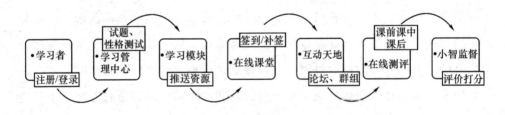

图 6-1　学习平台的一般操作步骤

智能学习平台的搭建包括以下步骤：

第一步：学习者注册/登录进入智能学习平台，成为该平台的用户。

第二步：进入学习者管理中心进行学习者学习行为的测试，包括试题测试和性格测试。

第三步：学习模块。学习者进入课程中心选择自己感兴趣的课程，平台结合之前的测试数据构建出一个数据模型，这个数据模型可以精确地推测出每个学习者的优势和劣势，进而自动为学习者筛选、推送学习资源，制定符合学习者个性的学习方案。

第四步：在线课堂。在进入课堂之前，页面会弹出一个"签到"框，点击"签到"后学习者方可进行新内容的学习，但是必须要完成之前的学习后才可以进入下一节的学习，也就是说在学习新内容之前，必须对之前未签到的内容进行补签学习。在线课堂的学习资源十分丰富，主要包括优质网络课程、名校名师课程、远程直播课程等。在线课堂的教学背后有一个强大的学习数据库，该数据库能够把相关的知识点串联起来，模仿、优化优秀教师和专家的教学顺序和方法，能有效解决优质师源短缺的问题，这符合学习者学习认知规律和知识点掌握的层次关系。

第五步：互动天地。学习者可以自由组建论坛或群组进行学习交流讨论，同时，系统也会自动为学习者推送相关内容的论坛和群组，使学习者之间、学习者与优秀教师和专家学者间进行交流和答疑。"互动天地"可以有效地打破不同地域的隔阂，使世界各地的学习者能够在同一时间上同一课程。

第六步：在线测评。在线测评是对学习者知识掌握情况的考察和分析。在线测评可以分为课前测评、课中测评和课后测评。课前测评可让学习者根据已有的知识背景对本课相关内容做一个预学；课中测评可以通过在课程进行的过程中设置一些相关知识的试题，用来考察学习者是否掌握本课内容，只有回答正确后才可以继续进行下面的学习；课后测评主要是进行知识点习题测试和考试。此外，在线测评还可以结合教师测评使评价结果更加客观、公正、合理，通过教师测评考察学习者的语言表达能力和逻辑思维能力，起到巩固知识点和检测学习效果的作用。

第七步：小智监督。通过前面部分的学习，系统会自动根据学习过程为教师和学习者提供反馈信息，使教师和学习者根据反馈信息进行教学和学习调整。智能学习平台每天都会监督学习者的学习，根据学习者的表现进行评价打分。

以上七个步骤只是针对新注册的学习者。对于老用户学习者，每次登录学习平台后可以直接从第四步开始，因为在第二、三步中，智能学习平台对学习者有了初步的"了解"，系统在以后每次的学习中都会自动对学习者有更加全面的记录和分析，从而自动完善、优化学习者的个性化学习方案，这有利于形成优化学习者个性化学习方案的循环链（如图6-2所示）。

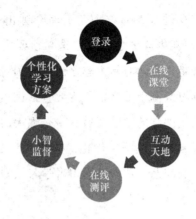

图 6-2 老用户学习平台使用

　　智能学习平台是一个融入感情色彩的平台，它可以根据学习者思考问题的时间、回答问题的正确率、观看课程的次数和互动的频率综合判断学习者的学习状态，并且系统会根据学习者对知识的掌握程度在讲课内容和试题方面适当地调整其难度。当系统检测出学习者学习状态不佳时，就会弹出一个弹幕提醒学习者，让学习者调整自己的学习状态，提高学习的注意力和保持学习的积极性。

　　近年来，比较流行的乂学教育自主研发的松鼠 AI 智适应在线学习系统就是智能学习平台的代表之一。从 2004 年开始，他们就在自主研发适合中国的智适应学习体系，其主要目标是了解学习者的知识点掌握情况，为学习者制定个性化学习方案。松鼠 AI 智适应在线学习系统能够不断地监控学习者的学习情况，评估学习者的学习能力，发现学习过程中的不足，系统能够为他们提供最佳的学习方案和学习路径，从而提高学习者的知识和能力。松鼠 AI 智适应在线学习系统的目标是通过人工智能打造优秀教师，使优质师源的稀缺问题得到缓解，使每个学习者都拥有量身定制的一对一教师，使因材施教的教学得以实现。

　　在过去的两年中，松鼠 AI 已经在四次人机大战中战胜了优秀的教师，在全国的各个城市中迅速普及，并且 2015 年 6 月 18 日成立于上海的乂学教育-松鼠 AI 融资 10 亿元人民币，捐赠 100 多万个账号给偏远地区贫困家庭的孩子，使每个孩子都有条件受到高质量的教育，有助于实现教育公平。

　　智能学习平台与传统学习平台完全不同。在知识掌握上，智能学习平台抛弃传统高频考试的做法，根据系统的统计精确定位学习者的知识掌握情况；在学习内容上，智能学习平台的学习内容倾向多样化，更能满足学习者的各种学习需求，有利于促进学习者的个性化发展。智能学习平台的搭建不仅可以有效地减轻教师的负担，让教师能够有更多的时间进行专业学习和课程研究，而且可以培养学习者的好奇心和探索精神，保持学习者学习的积极性和创造性，从而提高学习效率。

智能学习平台搭建后，平台管理主体需要加强对平台的管理和完善，一方面，需要对在线播放的课程资源进行严格审核，以保证在线学习内容的质量；另一方面，需要结合学习者的实际情况对学习平台进行管理和完善，定期对学习者的学习情况进行检查和监督。智能学习平台的管理主体有管理员、教师和学习者，他们可以进行自我管理，也可以进行相互管理。这里主要介绍管理员对平台的管理，主要涉及以下几点。

首先，管理员要做好智能技术支持工作。任何网络平台的运行都离不开技术条件的支撑，智能学习平台的搭建必须以智能技术为前提和基础。管理员不仅要不定时地对平台运行流程进行检查和维修以保证学习平台的正常运行，还要随时保证平台的安全性，为学习者提供安心、舒适的保障。在使用过程中，若平台出现安全问题，管理者要及时进行安全整改以保证系统的正常运行。此外，后台还要储备好学员的相关信息，如若学员账号遗失或无法登录，可联系后台及时修改密码。

其次，管理员要建立在线审核制度。在线审核制度的建立是教学质量的重要保障，对学习平台的管理具有举足轻重的作用。管理员要严格审核课程文字、图片、视频等内容，确保学习内容的正确性、真实性和可靠性，保证课程不存在传播消极信息和违反国家法律法规的情况。管理员还可以对在线课程进行旁听和监督，并提出相应的改进建议，同时对学习者的学习情况进行检查和监督。

再次，管理员要确保课程的多样性。学习者的差异性对在线学习平台课程提出了新要求，管理员要确保课程的多样性以满足学习者的个性化需求。对于课程的设置，可以将课程分为必修课和选修课，规定每生每学期不得修少于 4 门的必修课，学习者必须在规定时间完成必修课的学习和考试。此外，学习者还要根据自己的兴趣爱好选择几门选修课，原则上不低于 2 门。无论是必修课还是选修课，其考核都以学分制计算，如果没有完成相关课程的学习，后台会对学习者的学习情况进行管理和提示，如果提醒三次以上，学习者还是没有完成学习内容，后台则会取消学习者对该课程的学习权限。

最后，管理员要设置投诉建议区。投诉建议区能多方收集意见和建议，是一个平台快速成长和完善的有效方法。智能学习平台要设置投诉建议区，接受学习者、教师的意见和建议，定期对这些意见和建议进行总结和反思，以更好地完善和管理平台系统。

智能学习平台的搭建并非一朝一夕，其管理也是任重而道远。不管是作为管理者、教师，还是学习者，都要自觉遵守学习平台的规则，做学习平台的维护者，为平台的管理奉献力量。

四、MOOC（慕课）：智能学习平台的典型代表

在各种各样的智能学习平台中，最具代表性的莫过于 MOOC（慕课）了。MOOC 分别代表着 Massive（大规模的）、Open（开放的）、Online（在线的）和 Course（课程），它指大规模的开放网络课程。2011 年，斯坦福大学教授 Sebastian Thrun 与 Peter Norvig 研究的人工智能课程出现在互联网上，在当时引起了教育界的轰动，有 190 多个国家超过 60 多万的学习者注册了 MOOC 学习平台，"MOOC"这个词开始进入人们的视野。随后，各国开始建立以 MOOC 为主的学习平台。虽然 MOOC 的发展历史并不久远，但由于它作为一种新型教育平台，在全球范围内引起了广泛关注。

随着智能时代的到来，MOOC 作为一种新的学习平台，在我国教育中被广泛推广，并取得一定的效果。MOOC 学习平台作为智能学习平台的典型代表，其操作流程与搭建的智能学习平台大同小异，主要包括注册、选课、在线学习、互动、考试等方面，其课程建设大致包括学习资源、学习时间、测试和讨论四个方面。

在学习资源方面，课堂教学是教师和学习者面对面的教学，教师可以直接根据学习者的语言、表情等获得反馈信息，进而不断调整教学活动。MOOC 是隔着屏幕进行网络教学，没办法像课堂教学一样看到学习者的表情，因此教师也不能根据学习者的反馈而调整教学活动，所以在学习资源的选择和设置上应更多地站在学习者的角度去思考课程资源是否切实可行。

在学习时间方面，课堂教学的学习时间一般都是 40 分钟。由于学校的校规校纪、班级的纪律和老师的权威性，这些规定会使学习者自觉遵守上下课时间并完成学习任务。MOOC 学习平台更多的由学习者在寝室或者家里进行自主学习，自主学习对学习者来说缺乏外在的约束，为使学习者达到预期的学习效果，学习时间的设置不能太长，一般 20~25 分钟最佳。针对这 20~25 分钟的内容应该尽可能地短而精，使学习者在反复观看课程时能合理把握重难点，从而提高学习效率。

在测试方面，课堂教学的测试大多以课后测试为主，而 MOOC 在课程教学中插入了适量测试题，这对学习者加强知识的理解和巩固具有重要意义，在一定程度上加深了学习者对知识点的记忆，避免了学习者在学习完课程后而忘记内容的问题。同时，在学习者答完题后以积分或者五角星等作为精神鼓励，从而激发学习者的积极性。

在讨论方面，课堂教学的讨论环节似乎是针对部分学习者展开的，而对于不自信、内向、胆怯的学习者来说，即使有想法也不敢表达出来。在 MOOC 上进行的讨论，只要学习者有想法、有观点，就可以在讨论区自由发表看法，并得到教师或者其他学习者的回复。通过这种讨论，能够锻炼和培养学习者的思维能力和表达能力。

MOOC 在线学习平台的搭建和使用，始终把学习者的兴趣放在第一位。只有自己感兴趣的课程，学习者才有一直学下去的可能性，才不会半途而废。学习课程过程中设置的课堂小测试，对学习者加深知识的理解和记忆有一定的帮助。MOOC 的讨论环节，供学习者、优秀教师和专家交流。在线学习也可以把 PC 和手机 App 结合起来，用手机 App 随时随地进行碎片化学习。智能学习平台的使用方法比较灵活，在使用过程中还可以进一步发掘和完善。

MOOC 作为一种新的学习方式，其强大的生命力推动着国内外教育的发展，在降低学习成本、提升学习效率、增强交互性等方面具有重要意义。在 MOOC 学习平台的协助下，人类的学习将不断创新、与时俱进。

五、智能手机：移动学习平台

随着智能学习平台的建设，出现了以智能手机为载体的移动学习平台。手机作为智能学习平台的主要媒介之一，对智能时代的学习起着推动作用。随着科学技术的发展，手机已经从只具备电话通信功能的传统手机发展到具备更高端的信息计算和处理等多方面功能的智能手机。智能手机具备屏幕大、携带方便等优势，同时还集传统手机、电脑和网络等媒介的优势于一体。因此，智能手机在借助智能技术基础之上创造出更多适合新时代学习的新型技术产品，成为智能时代人类随时随地学习的移动学习平台。

智能手机作为移动学习平台具有以下优势：

首先，价格合理。智能时代随着移动互联网的普及和手机品牌的竞争，手机价格大大降低。就我国目前情况来看，智能手机几乎人手一部，成了人们日常生活中必不可少的移动设备。

其次，体积小，便于携带。智能手机的体积并没有随着其功能的增加而增加，不仅保留了传统手机体积小、便携等优势，而且研发出适合人类阅读的大屏幕，这种大屏幕大多都是高倍抗蓝光，可以保护使用者的眼睛。智能手机的体积和便携优势满足了智能时代人们快节奏的生活需求，从而可以更好地为学习者提供学习服务。

最后，学习方式多样化。学习者可以用智能手机根据自己的需求下载各种学习软件，使学习者的学习不再拘泥于固定时间、课堂和科目，而是能够根据自己的实际情况进行学习。

智能手机作为移动学习平台从多方面为学习者提供了学习的可能。短信作为手机最基本的功能，是移动学习最原始的形式。通过短信进行学习，即通过单方或双方发送短信来达到信息传递和交流的目的。在多年前，很多学校开始采用"家校通"向家长发送短信布置作业或反馈学习者学习情况，家长在足不出户的情况下就能了解学习者在学校的情况，达到家校沟通的目的。

智能手机不仅具备简单的通信功能，还拥有自身独立的操作系统。手机内存的扩大，使学习者可以根据自己的实际需要下载各种 App，如手机 QQ、微信等交流软件实现学习者的多向沟通和交流。智能手机能够像电脑一样浏览各网站，网站学习资源的多样性能满足学习者的不同学习需求。同时，智能手机还具备离线下载功能，在无网络的情况下，学习者可以提前缓存学习资源，满足学习者无网络也能学习的需求。

总之，智能手机作为移动学习平台不再局限于固定时间和地点，为人类的移动学习提供了条件。随着智能技术的发展，人们越来越重视学习，全民终身学习成为智能时代的大趋势，利用智能手机进行学习也将成为必然。

六、新方法论：如何利用好智能学习平台

智能学习平台作为一个新事物出现后，一开始其使用效果不太理想，对很多学习者来说短时间内接受一个新事物并且好好利用它是有一定难度的。一方面，智能学习平台一般不需要缴纳学费，并且缺少外部的监督，所以需要学习者高度的自觉性和自律，自制性不强和缺乏自律的学习者是很难在规定时间内完成一门课程的学习。另一方面，智能学习平台缺乏教师与学习者、学习者与学习者的面对面的情感交流，对学习者来说可能很难适应智能学习平台的学习。因此，要充分利用好智能学习平台，就要注意以下几个方面。

发挥教师的组织作用，推动传统学习平台向智能学习平台的转化。传统学习平台向智能学习平台的转化符合时代发展潮流，也是新时代学习变革的新要求。教师是促进传统学习平台向智能学习平台转化的重要纽带。教师转变自己的教育

观念是促进传统学习平台向智能学习平台转化的前提和基础，只有观念的转变，教师才能有更多精力和时间去研究智能学习平台下高效的教学方法，才能更好地利用学习平台达到最佳的教学效果。教师还要自觉转变角色，使自己由知识的灌输者转变为教育教学活动的组织者、协调者、促进者。教师要对传统学习平台和智能学习平台的相同点和不同点进行对比研究，促进两种学习平台资源的整合，实现优势互补。教师还应该根据教学实际情况，设计相应的案例，通过设计的案例，总结发现学习者在智能学习平台上存在的问题，并找出解决办法。总之，教师要发挥好自己的组织作用，推动新型在线学习平台向传统学习平台的转化，使学习者能够更快适应智能学习平台。

学习者要不断提升自身的素养。第一，学习者要具备自我管理能力和自制力，这是学习者在线学习成功的重要因素之一。网络是一把双刃剑，网络上包括很多的无用信息和垃圾信息，这些信息会对他们产生很大的负面影响。因此，在线学习不仅要求学习者要提高自我认知能力，还要求学习者具备很强的自我管理能力和自制力，即使在瞬息万变的智能社会也能够很好地进行自我管理，坚定自己的学习目标。第二，学习者要具有良好的信息素养。信息素养是进行高效在线学习的必要条件。有了良好的信息素养，学习者就能够运用智能技术和技能，在庞大的学习资源库中快速提取自己所需要的信息，对信息进行表达以及进行创造性加工和改造。学习者要不断提高自身的信息素养来辅助自己的在线学习，如利用网络连接书签、浏览器记录等。第三，学习者要具备实事求是的、科学的批判精神。学习者在智能学习平台中会接触到各种各样的观点，对自己的人生理念和价值观形成一定的冲击，此时必须高度保持自己清醒的头脑，对各种思想观点进行科学的批判，实事求是并且坚定自己的理想信念。

培养学习者的学习兴趣，激发学习动机。俗话说"兴趣是最好的教师"，培养学习者的兴趣并不是要强迫他们去学习，这样只会使他们对学习产生抵抗心理。相反，采用一些方法来激发学习者的学习兴趣并产生强烈的求知欲，如赋予学习者主体地位，研发自主探究学习和合作学习的方法等。智能学习平台本身是一种新颖的学习方式，与传统枯燥乏味的学习平台相比更能引起学习者的注意，在线学习平台能够为学习者提供海量的学习资源，学习者要根据已有的知识水平和认知特点选择感兴趣的学习内容，然后通过教师的正确引导，他们的学习兴趣和学习动机就会更强烈。

引导学习者的线上学习行为，促进线上与线下学习的结合。智能时代的线上与线下相结合的学习模式将学、思、做完美地融合在一起，并且线上学习将成为主流，形成以线上学习为主、线下学习为辅的学习方式。学习者可以通过线上学习自由地选择学习时间和内容，但由于在线学习缺乏面对面的情感交流，很多学习者还不能适应这种学习方式，这就需要我们将线上学习和线下学习结合起来，在进行线下学习的时候，要使学习者自觉有意识地参与到在线学习中，逐渐改变学习者的在线学习行为。线上、线下学习的结合不仅可以激发学习者的学习热情、培养学习者自主学习能力，还可以培养学习者分析问题、解决问题和合作交流的能力。

第七章

学习资源：垄断与共享的时代竞合

传统学习资源：智能时代仍要充分利用

新型学习资源：智能时代下的学习资源

资源新突破：智能时代下的大口径共享

新方法论：如何利用好智能时代的学习资源

学习资源主要用于辅助学习活动的开展，在学习活动中扮演着重要的角色。学习资源主要经历了从传统学习资源到信息化学习资源，再到智能化学习资源的发展与演化，丰富了人类的学习活动。智能时代学习资源大口径共享的实现以及对学习资源的合理利用，对学习者、教师和管理者等都带了前所未有的价值，将成为智能社会学生学习的主要来源。如何合理利用智能时代的学习资源将成为学习过程中的重要问题。

一、传统学习资源：智能时代仍要充分利用

学习资源，是指在教育教学活动过程中支持学生行为方式发生改变的外在学习条件，是可以被学习者用到学习活动中的一切要素，主要包括人、物、信息等，是人类进行学习的必不可少的重要条件。学习资源主要可分为结构化学习资源和非结构化学习资源两类：结构化学习资源是指将人类发展历程中积累起来的知识条理化、系统化、结构化而形成的学习资源；而非结构化学习资源是指不确定来源、结构模糊不清、稳定性不强的学习资源，资源与资源之间没有明显的相关性和联系性。

人类进入信息社会之前，学习资源都以教材为主，而教材上只整理了整个知识体系中的一小部分知识，相对匮乏，并且不全面，不能够进行大范围、快速共享。人类进入信息社会之后，学习资源开始向信息化转化，传统学习资源也逐渐与信息化融合，通过将学习资源上传到网络空间逐渐实现网上共享，在一定意义上改变了人们的学习状况。现如今，人类逐渐步入智能时代，学习资源依托智能技术实现生产、传递、共享和管理，实现智能新趋势，从而推动人类学习的发展。

人类逐渐步入智能时代成为当前社会发展大趋势，时代的变化必将引起学习资源的变化，因此传统学习资源与智能时代下的学习资源不能同日而语。智能时代下的学习资源具备涉及范围更广、传播速度更快、网上分享更普遍、管理更高效等优势，将成为智能时代普遍使用的学习资源。虽然智能学习平台在全国各地普及以此促进智能化学习资源的共享，但有些学校仍然以传统学习资源为主，这是智能时代下传统学习资源的历史性与时代性的矛盾，所以即使是在智能时代，我们仍然要利用好传统学习资源。

传统学习资源以教材为主（如图 7-1 所示），教材在教学活动过程中起着非常重要的作用，教材、教师、学生构成教学活动的三种基本要素。首先，教材是人类传递知识和学习知识的主要文字载体，是教师"教"与学生"学"的主要媒

介，是教师传授知识、教书育人的主要依据，是学生习得知识、技能和提高综合素质的主要工具。其次，教材不单单是根据国家教育目的、课程标准、学生的身心发展规律和认知特点编订的教科书，它还汇集了优秀专家、学者的专业智慧和知识水平，它是学科知识的精华与专家学者智慧的结晶。再次，教材使学生在学习过程中获得的知识更加系统化、规范化，便于学生对知识的掌握和理解，为学生的作业和考试提供复习依据。最后，教材是教师教学的行动指南，没有教材这个指南针，教师的课堂教学就会像无头苍蝇一样，不知道教学的重点和难点。

图 7-1　传统学习资源：教材①

不管是在智能时代以前，还是在智能时代，教材的使用既有优点，又有缺点。就优点来说，一方面，教材是传递人类优秀文化的物质载体，是人类间接经验的直接来源，其编排体现了知识点之间的层次和脉络，符合学生的身心发展规律和认知特点；另一方面，教材能够突出知识的重点和难点，有利于学生对知识的掌握和理解，并且在作业或考试时，教材可以作为学生的参考复习资料。就缺点来说，一方面，科目教材内容涉及的面相对较窄，并且科目与科目知识点的联系不紧密，在一定程度上不利于学生的全面发展和知识框架的构建；另一方面，学生获取学习资源的渠道相对单一，大部分来源于教材和教师，在一定程度上限制了学生的视野，不利于学生的创新精神和探索精神的培养。

随着人类进入智能时代，学习资源如果不与时俱进，不进行改革和创新，传统学习资源必然被淘汰。基于传统学习资源的重要性，即使是在智能时代下，传

---

① 图片来源：http://5b0988e595225.cdn.sohucs.com/images/20190618/a75de68a31144f35957723d
493b6d26e.jpeg

统学习资源对整个教学活动也至关重要。因此，为了使传统学习资源适应时代的需要，应做以下改变。

丰富教材资源，扩展教材空间。任何一门学科都有一个庞大的知识体系，我们使用的教材上的知识点只是从这个知识体系中挑选出来的极少的一部分。针对这个问题，学生不仅可以在课堂外阅读、查阅相关书籍来补充知识点，而且可以通过各种信息资源完成自己的学习目标，如多媒体信息、音频、视频、网上的资料等。教师也可以通过提升自己的专业知识来补充课堂资源。因此，不管是学生还是教师，都要加大对除教材之外的资源的获取，扩展教材空间。

促进教材的改革。随着智能技术在学习领域的广泛应用，促进智能技术和教材的整合是传统学习资源得以生存的最佳选择。智能技术改变的是人类获取知识的方式和思维方式，智能新时代人类主要通过智能技术来获取知识，对传统的纸质教材提出了挑战。教材的改革必然引起学习内容的呈现方式、教师的教学方式、学生的学习方式和思维方式的变革。智能时代的学习应充分发挥智能技术的优势，对教材进行改革，使其符合智能时代的发展潮流，更好地为人类的学习活动服务。在智能时代，人类学习的资源早已从教材和参考书扩大到各种在线学习资源，教材也从静态的信息发展到动态的交互性信息。小小的教材已经不能承载智能时代的教学要求，因此，对教材教学内容和范围进行改革也成了必然选择。

灵活运用教材。学生和教师都要灵活地运用教材，要对教材进行创造性加工和处理。教师要结合智能媒介为学生打造一个个性化课堂，活跃课堂氛围；学生要巧妙地利用教材形成自己的个性化学习方案，为整个教学活动注入生命力和活力。此外，还要通过教师和学生的共同努力使教材实现知识与实际生活的沟通和联系，把教材的理论知识运用于实践，深化学生对知识的理解和运用。

提倡探究式教学模式。探究式教学，即师生围绕某个知识点进行探讨研究，它既有利于加深学生对知识点的理解和掌握，又有利于教师与学生之间、学生与学生之间的合作交流，更有利于培养创新型人才。探究式教学模式符合智能时代对人才的培养方向，赋予了学生的主体地位，激发了学生的自我管理能力和学习的积极性，改变了对传统学习资源的被动灌输模式。

传统学习资源在人类教育发展的历程中，发挥着非常重要的作用。因此，即使人类进入智能时代，我们也不能全盘否定传统学习资源，而应该取其精华，去其糟粕，不断对其进行改革和创新，使之符合智能时代的发展趋势。

二、新型学习资源：智能时代下的学习资源

随着互联网、物联网、大数据、云计算和人工智能等技术的快速发展，人类社会进入了智能时代，一种新的学习方式——在线学习开始兴起，这就对智能化的学习资源提出了迫切需求，因此学习资源的建设和研究被提上日程。

智能时代下的学习资源是对传统学习资源的融合、创新和改革，不仅包括智能技术下的多媒体课件、网络课程、电子书等，而且还包括各种软件 App、虚拟助手等。智能学习资源以学习者为中心，以促进学习者的自主学习、探究学习和有意义学习为最终目的，是学习内容、学习工具、学习方式等学习要素的综合资源体。

就目前智能时代学习资源的发展状况来看，随着各种在线学习平台的兴起，在线学习在智能社会占据着重要地位，学习资源在在线学习平台中的作用就显得尤为重要。由于在线学习平台的历史还不够悠久，尚处在发展的初期，学习资源的发展现状也并不理想，还存在许多问题，如学习资源系统不完善、资源共享率低、学习资源质量不高和资源的重复使用等。

学习资源系统不完善，信息混乱。学习资源在线上的传播无疑给我们的生活和学习带来了便利，在很大程度上有利于我们对信息的获取。不可否认的是，如果学习资源系统没有完善的管理体系，混乱的信息会对学生产生不利的影响。由于学习资源系统缺乏强大而有序的管理，以及大多数的学生身心发展尚未成熟，导致学生在学习的过程中可能会接触到一些垃圾信息，尤其是一些色情暴力信息会对青少年的身心发展造成伤害，影响他们的学习和生活。因此，在线学习平台要有强大的技术支撑，完善学习资源系统，后台要严格把关垃圾信息，对一些垃

圾信息加以过滤处理，通过后台的控制减少垃圾信息进入学习资源库。同时，学生要提高自己的道德认知和信息辨别能力，自觉抵制不良信息。

学习资源质量不高，缺乏优质学习资源的开发。随着在线学习平台的普及，很多学校设立了自己院校独立的学习系统，系统上的学习资源都是由任课教师所创设，一些教师往往为了完成任务只注重学习资源的数量，较少考虑学习资源的质量，并且各高校之间缺乏交流，导致学习资源质量不高，缺乏优质学习资源。当学生在在线平台进行学习时，他们获取的学习资源质量并不高，对很多资源也是重复使用，缺乏创新，很难满足学生的需求，对学生知识能力的提高并没有太大帮助。因此，各高校应该加强交流与合作，开发优质学习资源，提高学习资源的质量，使学习资源成为学生学习的催化剂。

资源共享率低。由于在线学习平台门槛的限制，平台上的很多学习资源的共享率很低。很多在线学习平台是由某个高校或者机构所创立，进入平台学习都有一定的限制。学校的平台很多仅限于本校学生登录账号使用，非本校生完全没有机会进入这样的平台学习。大部分机构创立的平台都是营利性质的，学生想要进入平台学习必须购买课程，这也在一定程度上限制了很多学生对学习资源的获取。很多网页上的资源也并不能完全获取，要下载 App 或者付费才可以获取全部内容。我们平时在网页上获取相关资源的时候，输入关键词后，会出现很多文献，但点开后就会发现大部分文献都只能看前面的摘要部分，如果想看全部内容，就必须根据要求下载 App 或者付费。以上这些情况，不仅大大降低了学习资源的共享率，还降低了学生的学习积极性。

以上问题只是短暂性的，随着智能技术不断融入教育和学习的全过程，学习资源系统将会更加完善，学习质量也将大大提高，同时学习资源也将实现大口径共享，从而更好地为人类的学习服务。智能时代的学习资源已经不再局限于教材，人类获取知识的途径已经从教材扩大到各种多媒体、电子读物、网页、学习平台等智能化学习媒介。在智能时代，其学习资源呈现出如下特征。

学习资源来源的广泛性。传统的学习资源主要来源于教材、参考书，或者口口相传，其来源途径单一，而智能时代的学习资源的来源十分广泛，主要包括纸质教学资料、网络信息资料、网络课程资源、广播、新闻等。学习资源来源的广泛性不仅扩展了学习内容，而且丰富了智能时代的学习资源，能够更好地满足学习者的学习需求。

学习资源形式的多样性。传统学习资源只是以教材的形式传递信息，形式比较单一，课堂上教师也只是单方面地向学生传授课本上的知识，这使课堂显得枯燥、乏味，甚至会使学生对学习产生厌倦心理。智能时代学习资源的形式具有多样性，其表现形式有文字、图片、音频、网络链接等，极大地丰富了学习资源的表现形式，多种新颖的表现形式能够吸引学生的眼球，保持学生的学习兴趣。学习资源形式的多样性不仅有利于学生保持学习的激情，还有利于丰富学生的知识，加深学生对知识的理解和运用。

获取学习资源的便捷性。传统学习资源的获取途径比较单一，资源的获取也不是唾手可得；智能时代的学习资源上传到网络，使每个学生获取学习资源更加便捷。学习资源获取的便捷性打破了时间、空间和年龄的限制，人们可以通过电脑或者其他移动设备随时随地学习，任何年龄阶段的每一个人都有获取学习资源进行深度学习的可能性。智能时代学习资源的便捷获取给人们的生产和学习带来了便利，有利于形成全民学习的氛围和学习型社会建设。

学习资源的共享性。任何学习资源都具有共享性这一属性，智能时代的学习资源与传统学习资源相比，其共享性更强，它可以通过各种 App 和在线学习平台跨时空、跨地域大面积地实现共享，而不像传统学习资源受信息载体数量的限制。学习资源的共享性可以缓解偏远地区学习资源短缺的问题，使每个学生都可以平等地享受优质教师的课程，打造一对一的教学，真正实现因材施教，使教育公平成为可能。

学习资源的时效性。智能时代的学习资源以智能技术为依托，其时效性远远超过了传统学习资源。传统的学习资源的更新和修改的周期性较长，已不能满足智能技术快速发展的时代需求。智能时代的学习资源借助智能媒介使其传播速度、传播数量和传播范围的时效性都得到空前增强。此外，随着智能技术的发展、4G 网络全覆盖和 5G 网络的运行，智能时代学习资源的传播速度和更新速度都不断加快，并且其功能增多，如传送功能、重现功能、可控功能、参与功能等。

学习资源的交互性。学习资源的交互性是智能时代学习资源的显著特征之一。智能时代的学习资源不同于传统学习资源的单向传递方式，它具有双向传递功能，也就是说学习资源的双向交流在传递时可能是同步进行，也可能是异步进行的。学习者可以对接收的学习资源提出即时或非即时的反馈建议，这也就意味着学习者可以是学习资源的接受者，也可以是学习资源的创造者和发布者。

学习资源管理的高效性。传统学习资源的管理主要借助人对学习资源进行管理和操作，不仅需要耗费大量的人力和物力，并且其管理效果并不一定理想。智能时代的学习资源的管理具有高效性的特征，人们可以借助智能技术省时、方便、快捷地对学习资源进行收集、处理和分类，节省了大量的人力和物力成本，提高了管理效率。

在人工智能时代，智能技术的快速发展和人类教育理念的不断更新，成为促进学习资源发展转化的重要动力。随着虚拟现实、智能学习平台等先进智能技术在学习领域的普及和运用，开放教育、在线学习、移动学习、碎片化学习等新型学习理念和学习方式的倡导，智能时代的学习资源呈现出开放性、整合性、虚拟化、碎片化、生成化、移动化等趋势。

智能技术正在把人类带入一个全新的智能新时代，其社会形态和学习资源具有无限的可塑性，学习资源的质量和数量都将大幅度提升，学习资源的生产、传播、处理、管理等环节依托智能技术得以进行，从而不断推动学习资源的智能化。

三、资源新突破：智能时代下的大口径共享

在智能技术不断深入普及和渗透下，智能时代的学习资源实现了新突破，即大口径共享。智能时代学习资源的共享要求实现教师与教师、教师与学生、学生与学生以及各高校等多方面共享。智能时代学习资源的共享对人类的学习具有非常重要的意义，具体包括以下几个方面。

有利于满足学生的个性化学习需求。每个学生都是独立的个体，其性格和个性存在一定的差异，因此对学习资源的需求也是各不相同的。智能时代在线学习资源具有形式的多样性、获取的便捷性、资源的共享性等特点，使学生的学习打破了固定时间和固定地点的限制，学生可以通过各种智能学习媒介随时随地获取学习资源，满足自己的学习需求。此外，学习过程也从教师的被动灌输到知识的主动构建，再加上线上取之不尽用之不竭的学习资源，锻炼他们信息获取能力的同时也满足了学生的个性化需求。

有利于优化学习资源。智能时代的学习资源能够以文字、图片、音频、网络链接等多种形式表现出来，系统能够将同一类型的资源自动进行整理归类，自动构建出科学化的资源体系，实现资源的优化配置。例如，当我们平时需要在网页上查询学习资源的时候，在输入关键词后，页面就会显示出同类或者相似的所有学习资源，学生可以根据自己的学习情况自主选择，方便学习使用，这种优化的学习资源有利于发挥学生的主动性，构建自己的知识体系。

有利于促进学习公平。由于各地区经济水平的差异，导致经济发达地区的学习水平明显高于经济落后地区，经济发达地区的学习机会明显多于经济落后地区，这种现象加剧了两极分化，其背后反映出的是学习机会不平等。智能时代通过借助智能技术实现智能学习资源的大口径共享，可以使落后地区的每个学生都有平等的机会学习各高校名师的教学内容，享受优质的学习资源。智能时代学习资源的共享为落后地区的学生提供了同等学习的机会，不仅有利于促进学习的公平，还有利于整体提高全民学习水平。

有利于实现协同创新。智能时代下的在线学习平台实现了高校与高校之间的资源共享、教师与教师之间的资源共享、教师与学生之间的资源共享、学生与学生之间的资源共享。通过多种资源的共享，共享主体之间可以相互学习、互相进步，协同完成学习过程，并且对学习过程、学习方式方法进行创新。

有利于提高学习效率。学习资源的共享能够降低学习成本。如果我们能够在学习成本不变的情况下增加学习效果，实现资源共享的最大化，从而能够提高学习效率。目前，随着全国对学习的重视以及全民终身学习成为智能时代的大趋势，不管是学习者个体还是政府不断加大对学习成本的投入都不能满足当下的学习需求。因此，智能学习资源的共享是满足当下学习资源的最佳选择。

有利于扩充学习资源，丰富学习内容。学习资源的共享在一定程度上意味着学习资源的整合，通过各高校的合作、交流，加强学习资源的整合，不断对学习资源进行改革和创新，从而更好地为人类的学习服务。各种学习资源发布在在线学习平台后，学习资源的利用效率大大提升，其知识面逐渐扩大，知识的质量不断提高，各学科的学习内容不断丰富。

智能时代学习资源的大口径共享不可能一蹴而就，因此为了更好地实现智能时代学习资源的共享，需要注意以下几个方面。

加大优质学习资源的开发。学习资源应该突出优质学习资源的建设，优质学习资源是由优秀专家或教师精心准备，然后上传到学习资源系统供学习者学习使用。学习资源来源于课程又高于课程，这类学习资源在学生掌握基础知识的基础之上，能锻炼学生分析问题和解决问题的能力。高校拥有优质的学习资源是实现资源共享的前提，学校应该加大对教师的投资力度，让教师拥有更多进修学习的机会，打造一支高水平的教师队伍。同时，教师也要改变自己的学习和教学观念，专注于专业知识和专业技能的提升，促进教学方式的变革。

建立奖励机制。其实，很多高校都拥有很多优秀的教师，这些优秀的老师就是优质的学习资源，但由于很多教师不想把自己辛辛苦苦打造的资源放在网上共享或者担心知识产权的问题，所以这些教师并不愿意将自己的成果放在学习平台被共享。基于这样的问题，学校应该设立相应的奖励机制来激励教师落实学习资源的共享。学校可以设置一些标准进行优秀教师的评定，组织教师参加讲课评比赛活动激发教师的积极性，为学习资源的共享提供资源支持。

建立学习资源评价体系。学习资源评价体系的建设是学习资源质量的重要保证，评价主体、方式尽可能多样化，通过评价体系的建立，对学习资源进行层层把关，保证学习资源的质量。只要学习资源的质量得以保证，就会有更多资源实现大口径共享。

加强学习资源的安全管理。在线学习平台上的学习资源凝聚着教师的大量心血，因此加强学习资源的安全性是共享学习资源的重要任务。保持在线学习平台技术的稳定性和完善资源管理系统，有利于保证学习资源的安全，排除优秀专家和教师的后顾之忧，使他们可以专注于学习资源的开发建设。

智能时代下学习资源的共享，为学生的自主学习和个性化学习提供了海量的学习资源，有利于满足学生的个性化需求、优化学习资源、促进学习公平和实现协同创新。人工智能时代，人们在对学习资源的持续共享和开发中，要不断完善在线学习平台的建设，加大优质课程资源的建设和开发，建立奖励机制鼓励教师积极参与学习资源的建设，保证学习资源的安全性，为资源的创建者排除后顾之忧。

随着人类社会步入智能时代，知识更新速度不断加快，导致学习资源不仅量多，而且信息混乱。因此，如何利用好智能时代的学习资源是我们迫切关注的问题。学生要提高对学习资源的辨别能力，在对有益的学习资源加以合理利用的同时自觉抵制无益的学习资源。每个学生拥有的学习资源都是有限的，一个成绩优秀的学生总会想尽一切办法利用身边任何可用的学习资源，来提高自身的知识水平，并且对学习资源的利用不应该只盯着教材、图书馆、参考文献、老师同学间的帮助与交流，更应该把视角转向智能时代的学习资源。

四、新方法论：如何利用好智能时代的学习资源

智能技术在学习领域的不断渗透，为学生的深度学习和个性化学习提供了条件。这种深度学习，在一定意义上意味着学生的自主学习，自主学习的前提是智能学习资源的获得。通过学习资源的获得环节，使学生的学习实现了从被动灌输到主动构建、从教师填鸭式教学到学生的自主探索、从教师传播知识到主动创造知识的转化，在学习领域出现了一种新的学习形态。

学生充分利用智能时代的学习资源是学生进行自主学习的大好机会，也是体现学生自主探究能力和创新能力的重要方面。因此，如何利用好智能时代的学习资源是一个值得深入探讨的问题。

在智能时代这个大背景下，对智能学习资源的合理利用可以从学生、教师、管理者等角度来探讨。

（一）学生的角度

智能时代学生要树立正确的世界观、人生观和价值观，这是智能时代学习和生活最重要的品质。树立正确的世界观，必须认清时代发展趋势，智能技术已深入人们的生活，这是一个无法改变的客观事实，如果不与时俱进，传统的学习注定被淘汰。树立正确的人生观，在智能时代必须要有坚定智能学习的理想信念和正确的人生态度，用智能学习资源丰富自己的知识。要树立正确的价值观，在智能时代价值观的正确指引下，形成正确的价值取向，这对一个人的发展是必不可少的。

学生要有坚定的意志力，自觉抵制各种诱惑。智能时代的学习资源大多都是从网上获取的，而网上的信息资源具有双面性。学生除了可以接触到优质的学习资源外，还可以接触到许多不良信息，而学生正处在身心发展阶段，他们的自制力相对较弱，明辨是非能力不强，不能够自觉抵制诱惑，这些不良信息会对他们的身心造成伤害，影响其学习和生活。如果能够利用好网上的学习资源，则会对他们的知识能力提升有一定的帮助；如果被不良信息诱导，则可能会毁了他们的一生。所以，在获取网上信息资源的时候，要学会取其精华、去其糟粕，要有坚定的自制力，自觉抵制诱惑，对不良信息说"不"。

学生不能过度依赖学习资源，对知识要有自己的独特见解和创新。所谓学习资源，是指用来为学习服务的资源，对学习资源的合理利用能够帮助学生更深入地理解知识点。学生不能过度依赖学习资源，否则培养出来的学生只会是教师的复制品，是接纳知识的工具。智能时代的教育目标是把学生培养成会思考的人，智能时代看中的是人类的创新能力和探索能力，所以学生对于学习资源不能过度依赖，只能适当地利用学习资源，思考学习资源中的相关知识，形成自己的见解并进行创新。

（二）教师的角度

教师要自觉改变教学观念。在智能时代，教师的教学观念要与时俱进，树立起符合智能时代要求的新观念、新思想。教师要摆正好自己的心态，对智能时代的新事物不能有抵触情绪。教师是学生学习的指导者，只有教师教学观念的改变才能更好地促进学生学习方式和思想观念的改变。对于智能时代的学习资源，教师要自觉改变教学观念，接纳并学习智能时代的学习资源，使学习资源更好地为教学服务。

教师除了要自觉改变教学观念之外，还要对传统学习资源进行改革和创新，提升自己的专业知识和技能。在智能时代下，教师只是依据教材进行教学的教学方法已经行不通，需要结合智能时代的学习资源对传统学习资源进行改革和创新，并且还要专注于自己专业知识和技能的提升，教师只有不断学习和进步才能不被智能机器所替代。

（三）管理者的角度

从管理者的角度看，要完善资源管理系统，确保资源系统的稳定性。资源管理系统是智能时代学习资源的聚集地，是学生获取学习资源的主要来源。完善资源管理系统，确保资源系统的稳定性是智能时代学习资源合理利用的基础。资源管理系统要对系统中的学习资源及时进行更新、补充和完善，以保持学习资源的权威性、可靠性、真实性、科学性、共享性和多样性，这样才能满足学生的个性化需求。同时，资源管理系统要杜绝一切商业化广告，为学生提供一个更安心、更舒适的在线学习环境。

确保学习资源获取渠道的开放性，实现资源的共享。之前，我们探讨过很多学习资源系统或者平台都设有一定的门槛，要么需要特定账号登录才能使用，要么需要购买或者下载相应的 App 才能获取学习资源，这在一定程度上限制了学生对某些学习资源的使用。为了促进学习资源的合理利用，应该降低获取资源的门槛，自觉开放学习资源，使资源实现共享，这样才能更好地体现资源共享的价值，更好地供学生学习使用，更贴近建立该系统的初衷。

智能时代学习资源大口径共享的实现以及对学习资源的合理利用，对学习者、教师和管理者等都带来了前所未有的价值。对于学习者来说，对学习资源的合理利用扩展了学习内容，能够满足不同学习者的学习需求；对于教师来说，教师能获得更多的学习和教学资源，有利于把资源效益转化为价值效益；对于管理者来说，提升了整个学习资源系统的运行效率，为人类提供一个安心舒适的学习环境。

总之，智能时代的学习资源在智能社会扮演着越来越重要的角色，并且智能时代的学习资源将成为智能社会学生学习的主要来源。因此，如何合理利用智能时代的学习资源将成为学习过程的重要环节。

第八章

学习角色：被动到主动的革命

两种学说："教师中心论"与"学生中心论"

能动的学习主体：学生角色的转变

两种学习：机器学习与人类学习

新方法论：人类应该如何应对机器学习的挑战

智能时代的教育到底应该主张"教师中心论"还是"学生中心论"？无论是主张"教师中心论"还是"学生中心论"都是片面的、形而上学的，二者的辩证统一才是当代教育应该追求的永恒目标，即教师的主导作用与学生的主体作用的对立统一。

一、两种学说："教师中心论"与"学生中心论"

教师和学生是教学活动过程中的两个基本要素，真正的教学互动是由教师的"教"和学生的"学"构成的双边交往活动。关于教师和学生在学习活动过程中的角色关系，历史上一直存在着"教师中心论"和"学生中心论"两种学说。长期以来，由于受到中国师道尊严传统文化的影响，"教师中心论"的地位坚不可摧，一直在教学活动中占据着主导地位。后来，为了打破"教师中心论"学说，出现了与之相抗衡的"学生中心论"学说，这种学说认为学生才是教学活动的中心。这两种学说都比较极端，片面强调教师或学生某一方的地位，并且很难在二者之间取得平衡，不利于教学活动的开展，唯有两种学说的对立统一才是教育追求的永恒目标。

构建主义思潮在 20 世纪 90 年代传入中国，以"教师中心论"为主的传统教育思想受到了一定的冲击。传统教育思想最大的弊端就在于强调教师在整个教学活动中的主导地位，忽略了学生的主体地位，而构建主义思潮则强调整个教学活动应该"以学生为中心"，强调学生的主体地位、自主学习和探究式学习，这种学习方式能够最大限度地挖掘学生的探索能力和创新能力。2010 年，国务院颁布的《国家中长期教育改革和发展规划纲要（2010—2020 年)》对教育应以"教师为中心"还是以"学生为中心"做了明确定位，教育"要以学生为主体，以教师为主导，充分发挥学生的主动性"，"努力培养造就数以亿计的高素质劳动者、数以千万计的专门人才和一大批拔尖创新人才"。为了更好地贯彻和体现创新人才培养目标，我国的教育改革在引进多种先进教育理论来指导的同时，特别强调了建构主义的理论指导。[①]

"教师中心论"的代表人物是德国教育家赫尔巴特。"教师中心论"强调教师

---

① 吴木营,罗诗裕,邵明珠. 当代教育理念中"教师中心论"与"学生中心论"的哲学思考[J]. 东莞理工学院学报,2012,19(06):90-93.

在教学活动中的主导地位，教师对学生具有权威作用，认为一切教育活动都应该以教师为中心。在教学活动中，教师向学生传授课本知识，学生只是依葫芦画瓢似的接受教师传授的知识，按照教师的教学流程完成学习任务。教师主导整个教学活动，有利于保持教师的权威性，但容易使学生形成固定思维，学生的主观能动性受到了严重的抑制，以教师为中心的教学活动培养出来的学生是缺乏个性的"大众"学生。"教师中心论"把教师放在教学活动的绝对中心地位，片面强调了教师的主导地位，忽略了学生在教育活动中的主体性，压抑了学生学习的积极性和主动性。

"学生中心论"的代表人物是杜威、卢梭。"学生中心论"强调学生在教学活动中的主体地位，认为一切教育活动都应该以学生为中心。在学习活动中，学生主导着整个教学活动，教师只是起辅助作用，这种以学生为中心的教学活动在一定程度上可以培养学生的发散思维和兴趣爱好。"学生中心论"把学生放在教学活动的绝对中心地位，片面强调了学生的主体地位，忽略了教师在教学活动中的主导地位。但是，教师才是知识的传授者，是人类灵魂的工程师，其主导作用不容忽视。

"教师中心论"和"学生中心论"都各有利弊。"教师中心论"强调教师在教学活动过程中的中心地位，抹杀了学生的主体性和主观能动性；而"学生中心论"强调学生在教学活动过程中的中心地位，抹杀了教师的主导地位。因此，如果在教学活动过程中只是单方面贯彻"教师中心论"或"学生中心论"都比较极端，都是错误的、片面的。有一点值得肯定的是，无论是"教师中心论"还是"学生中心论"都强调教师或者学生的内因作用。

教师和学生作为教学活动两个最基本的要素，任何教学活动都是教师的"教"与学生的"学"相互作用、相互促进的过程，也就是说"教师中心论"和"学生中心论"二者之间应该是对立统一的关系。"教师中心论"和"学生中心论"的结合，通常表现为教师在向学生传授知识的同时还加强对学生创新创造能力和探索能力等的培养。

整个教学过程在强调教师主导地位的同时又不能忽略学生在教学活动过程中的主体地位和主观能动性。同理，在强调学生主体地位的同时也不能排斥教师在教学活动过程中的主导地位。学生是教师教学活动的主体，如果没有学生的存在，整个教学活动将毫无意义；反之，教师是教育活动的主导，是整个活动的引领者，如果没有教师的存在，整个教学活动根本无法进行，人类社会也不可能进步。因此，教师和学生二者的地位应该是对立统一的，应该实现二者的平衡。虽然"学生中心"不一定先进，"教师中心"也并不一定落后，学生的发展未必一定要通过"自主"来获得，由教师掌控全局却也可以让他们有所进步，学生动机的提升和兴趣的聚焦自然是"以学生为中心"的，但如果这是因为教师教得好、引导得当来实现的，也完全可以称之为"教师中心"。应该说，他们是各有所长，甚至是水乳交融、难以割裂的。[①] 总的来说，从目前形式来看，"教师中心论"和"学生中心论"的统一是当下发展的大潮流。

近年来，由"教师中心论"和"学生中心论"衍生出了主导主体论、双主体论、过程主体论和阶段主体论，这些观点都比较极端。教师和学生这两个角色在教学活动中的存在具有一定的意义，所以要把握好二者的关系，要对二者的地位有一个更明确、清晰的认识。随着人类逐渐步入智能时代，"教师中心论"和"学生中心论"正呈现出一个深度融合的发展趋势，从而形成一种全新的教育理论，教师和学生仍然是教育活动中最重要且不可忽视的一部分、不可或缺的角色，二者应该统一起来，才能更好地完成教学任务。

二、能动的学习主体：学生角色的转变

习近平总书记在党的十九大报告中强调："要全面贯彻党的教育方针，落实立德树人根本任务，发展素质教育，推进教育公平，培养德智体美全面发展的社会主义建设者和接班人"。教师要给予学生正确的教育和引导，立足于学生的主体地位，促进其学习角色的转变。

---

① 王卉,周序．虚无的对立与事实上的统一———论"教师中心"与"学生中心"的关系[J]．现代大学教育,2019(03):40-46.

学生最主要的任务就是学习，学生在学习中理解、掌握文化知识，在学习中增加、拓宽知识面，在学习中运用知识、提高实践能力，从而进一步增强创新意识，培养创新精神，提高实践能力。因而，学生是学习的"主角"，要自己主动地去学习。马克思说过："在科学上没有平坦的大道，只有不畏劳苦沿着陡峭山路攀登的人，才有希望达到光辉的顶点。"这富有哲理性的警言实际上就是教育学生不要害怕失败，要树立自信，只要能正确地看待自己的"角色"定位，发挥自己的主体地位，学习就会有所发展。① 随着人类进入智能时代，学生的角色应该随之发生转变。

随着智能技术的快速发展，学习方式和教育模式趋向多元化。多元化的学习方式和教学模式对传统的学习方式和教学模式形成了一定的冲击。因此，传统的学习方式和教学模式已经不能满足当下时代的发展需求和学生学习的需要。学生的角色在学习过程中扮演着十分重要的作用，要使学生的学习符合智能时代的要求，就必须结合智能技术转变学生的学习角色。

学生是教学活动的重要组成部分，是教师进行教学的主体，是中华传统文化的延续者和传递者，没有学生的存在就没有教师的存在，更没有教学的存在。基于学生在教学活动中的重要性，要明确教师和学生的角色，使教学达到最佳效果。

在智能时代背景下，教师和学生的角色均发生了不同的变化。学生角色的转变要本着"以人为本，以生为中心"的原则，要立足于学生是学习活动的主体这个大认知，主要有以下几个方面的转变（如图 8-1 所示）：由被动的知识接收者转变为主动构建者，由学习者转变为思考者，由学习资源的从属者转变为操纵者，由被教育者转变为自我教育者，由听课者转变为参与者，由被评价者转变为自我评价者。

智能时代下学生的角色由被动的知识接收者转变为主动构建者。在传统"填鸭式"的教学模式下，学生作为被动的知识接收者，不利于激发学生的积极性和主动性。在智能时代，各种在线学习平台和智能学习软件应运而生，海量的学习

① 孟大军. 角色：新时代学生学习心态的"传感器"[J]. 教学月刊小学版(综合),2019(06):54-55.

资源在学习平台或软件上实现大口径共享。在智能学习环境下，学生可以根据自己的兴趣爱好、学习情况和学习进度选择不同的学习内容，定制个性化学习方案，满足其个性化学习需求。智能技术催生的新型学习方式促使学习过程主动化，进而帮助学生主动构建自己的知识体系，实现由被动的知识接受者到主动构建者的转变。

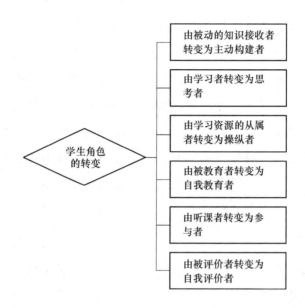

图 8-1　学生角色的转变

智能时代下学生的角色由学习者转变为思考者。所谓师者，传道授业解惑也。教师以知识传授者的角色出现在学生面前，教学活动的过程就是传授知识和解除疑惑的过程，在整个过程中学生扮演着学习者的角色。随着人类进入智能时代，学生的主体地位逐渐被凸显出来，学生成为学习活动的主体。赋予学生主体地位意味着学生独立学习和思考的能力得到提升，真正的学习应该是学生自主阅读、自主思考和自主探究，以思考者的角色出现在学习活动中。因此，不管是传统的课堂教学模式，还是智能时代的线上线下相结合的新型教学模式，都应该提倡启发式教学，培养和提高学生独立学习和思考的能力。

智能时代下学生的角色由学习资源的从属者转变为操纵者。在传统学习模式下，学生扮演着从属者的身份，学习资源大部分来自教师传授和教科书。智能新时代由于学生主体地位的回归，学生对学习资源的操纵性更强。随着各种智能学习媒介的兴起和普及，学习资源具有多样性、获取的便捷性、共享性、交互性等特点，学生可以根据自己的兴趣爱好对学习资源进行选择和操纵，根据资源系统制定出属于学生个人的个性化学习方案，合理安排自己的学习时间和调整学习进度。学生操纵者角色的转变，有利于学生的个性化发展，使因材施教的教学得以真正实现。

智能时代下学生的角色由被教育者转变为自我教育者。学生的角色由被教育者转变为自我教育者意味着学习由被动学习转变为主动学习，赋予学生主人翁意识，从而激发学生的自我教育意识和能力。在过去的学习活动中，学生一直以被教育者的角色出现，智能时代学生的主体地位被凸现出来后其自我教育的意识逐渐加强。学生本身具有自我教育的欲望和能力，当赋予学生主体地位后，学生将会实现由一个消极被动的角色到一个积极主动的角色、从需要教师引导学习到学生的自主学习的转变，当满足学生对自我认同的心理需要后，他们能衍生出对自我的要求和约束，从而更好地进行自我教育。

智能时代下学生的角色由听课者转变为参与者。在传统的课堂教学下，教师只是凭借着自己已有的知识结构和个人认知，对教材内容加以呈现，大多数情况只是对教材内容进行照本宣科，学生也只是老老实实地接收知识，这种听课者的角色出现在教学活动中，不利于学习效率的提升。在智能时代，课程内容的设计不仅应该与时俱进，还应该考虑到学生已有的知识基础和学习、生活经验，教师应该多听听学生的意见，赋予学生参与者的角色，让学生根据自身的心理特点和知识结构积极参与到学习活动中来，这样不仅使学生的学习兴趣高涨，而且可以提高学生的学习效率，从而使教育达到育人的终极目标。

智能时代下学生的角色由被评价者转变为自我评价者。在传统教学模式下，教师是评价学生的主体，学生只是处于被动地位，教师主要根据学生平时纸笔测验的成绩来对学生进行评价。这种评价只注重学习结果，而忽略了学习过程。所以，其评价结果并不合理、不科学，打击了一部分学习过程很努力但考试失利的学生的自信心。智能时代的学习评价，赋予学生自我评价者的身份，学生由被评价者转变为自我评价者，学生可以根据自己平时表现和考试成绩进行综合评价。通过自我评价学生能够更深刻地认识自己，促进学生的自我反思，从而提高学生自我教育和自我反思的能力，学生比教师更了解自己，所以其评价结果更合理、准确。

学生角色的转变必须立足于学生是能动的学习主体。在智能时代的学习中，充分尊重学生的个体差异，使学生成为学习的主人，培养学生的创新精神、独立思考和自主学习的能力。智能时代学生作为知识主动构建者、思考者、学习资源操纵者、自我教育者、课堂活动参与者、自我评价者的角色的转变，都体现了学生的主体地位，遵循了"以人为本，以生为中心"的原则，满足了智能时代教育的要求。

三、两种学习：机器学习与人类学习

人工智能技术作为一种颠覆性的新兴科技，对人类的各行各业都产生了深远的影响，人类的学习也不例外。随着人工智能技术的发展，出现了新的学习形式——机器学习，学习领域也就出现了与人类学习相对峙的机器学习。机器学习就是通过各种类型的机器学习算法，使得机器能从大量输入的数据样本中自动学习数据的隐性结构和存在规律，从而能对新输入的数据进行智能识别，对未来做出预测。[①] 人工智能对人类学习的影响是通过机器学习来实现的，机器学习是人工智能的核心，它能够通过海量的数据对学习行为进行训练，达到完成学习任务的目的，AlphaGo（阿尔法狗）就是机器学习的典型例子。学习是人的智能的重要特征，人类学习能力的高低是衡量人的智能高低的重要标准，没有人类的学习，就没有人类优秀传统文化的传承与创新，也就没有人类的文明。

人工智能在大数据、互联网、物联网以及神经网络等技术的推动下，其智能水平与人的智能越来越接近，甚至在某些方面超过了人的智能。人工智能技术在学习领域的运用是以学生在智能学习过程中留下的相关数据为基础，对学生的学

---

① 袁利平,陈川南. 人工智能视域下的宽度学习及在教育中的应用[J]. 远程教育杂志,2018,36(04)：49-56.

习行为进行预测和分析，从而达到个性化学习的目的。其中，机器学习作为人工智能研究领域的一个分支，它应用神经网络技术模仿人的大脑的功能和结构，有助于在对学习数据的挖掘过程中获取有意义的知识结构和理论框架。

机器学习随着人工智能技术的发展和运用，经历了浅层学习（Shallow Learning）、深度学习（Deep Learning）和宽度学习（Broad Learning）三个阶段。

浅层学习是机器学习的初级阶段，在这个阶段，人类模拟人的大脑打造出人工神经网络，这种神经网络能够归纳出人类学习的规律，从而对下一步学习做出预测和分析，但由于该阶段的神经网络只有一层隐含层，对学习的运用范围有限，因此被称为浅层学习网络。

深度学习是相对于浅层学习而言的，其神经网络具有多层隐含层，并且能够对语音、图像、文字等数据进行输入、整理和分析。深度学习是机器学习的核心。

宽度学习具有结构更简单、运行速度更快，更高效等优势。所谓宽度学习，它是以随机向量函数链接神经网络（Random Vector Functional Link Neural Network，RVFLNN）为载体，并通过神经节点的增量，来实现所设计网络横向扩展的一种随机向量单层神经网络学习系统。①

机器学习和人类学习都可以学习知识、产生知识，不同的是，一个用机器运行，一个用大脑运行。机器学习要超越人类学习就必须具备人的智能，甚至超越人的智能，要像人一样会感知事物，会对一些事情做思考判断，会对某些事情有反应等，总的来说，要会听、说、读、写，具备知、情、意、行四个要素。经过人工智能技术的快速发展，机器学习与人类学习相比在知识识别、知识理解、知识运用以及在知识预测等方面取得突破性进展，如表 8-1 所示。

在知识识别方面，机器学习有了比人类学习更强的感知觉能力。知觉是对客观事物的整体认识，也是机器学习的基础。人类的学习也是从感知外部世界开始

_____

① 袁利平，陈川南．人工智能视域下的宽度学习及在教育中的应用[J]．远程教育杂志，2018，36(04)：49-56.

的，但人类的感觉器官是与生俱来的，而机器需要技术支撑，随着智能技术的快速发展，机器在这方面也有了巨大的突破。机器实现了对学习过程中出现的文字、图像、语音和视频等知识进行快速的识别，并且能够达到更好的感知外部世界的最佳效果。随着人工智能技术在各个领域的运用，语音识别、人脸识别、扫地机器人、物流机器人和无人驾驶都是人工智能技术的典型范例，智能技术让机器具备了很强的感知觉能力，并且在这些方面超过了人类。

表 8-1　机器学习与人类学习的比较

学习类型	比较项						
	知识识别	知识理解	知识运用	知识预测	知识范围	知识迁移	情感交流
人类学习	弱	弱	弱	弱	小	强	弱
机器学习	强	强	强	强	广	弱	强

在知识理解方面，机器学习有了比人类学习更快速、更准确的理解和判断能力。大脑是人类学习的最重要的器官，也是人类所特有的。机器学习也必须具备这样的中枢结构，才能够对信息进行加工和处理，神经网络系统的安装使这一切都成为可能。通过安装人工大脑，机器能够持续不断地加强对自然语言信息的输入和理解，快速实现语言之间的翻译、转换，具备了比人类学习更快速、准确的理解和判断能力。

在知识运用方面，机器学习有了比人类学习学习力更强、创新程度更高的能力。人类所学知识达到学以致用的目的是其智能水平的重要表现，能够将知识进行创新然后灵活运用于各种场景，是人的智能的重要体现。人类对学习会有一个疲惫期，创新程度也会受到多种因素的限制，而机器学习则不同，它可以一天学习 24 小时，并且在知识的创新上可以不受外界因素的影响。

在知识预测方面，机器学习有了比人类学习更精准的预测能力。人类总是善于通过某个知识点进行总结和预测，但由于人的记忆有限，所以预测能力受到一定限制。机器学习则不同，它可以通过网络将学习后留下的痕迹转化为数据永久保存在云端，并对学习的出错率、正确率、知识的掌握程度和难易程度，以及感兴趣的知识等方面进行精准的预测，甚至可以达到比人类更了解自己的地步。

在知识范围方面，机器学习比人类学习涉及的范围更广、更全面。人类学习过程涉及的是小范围的知识，关注的是知识点的"点"，很难关注到"面"，这样只便于人类对某个知识点的理解与掌握；而机器学习所涉及范围更广、更大，关注的是"由点到面"的系统化知识，机器学习不仅利于对每个微观知识点的把握，而且更有利于对宏观知识的整体把握。

人类学习是从古至今一直占据着主导地位的学习类型。既然能够占据着主导地位，就拥有其他学习类型不可替代的优势。人类学习是人类生活经验积累的过程，一方面强调我们的学习是对外部世界的感知，另一方面强调我们的学习融合了语言、情景、文化于一体。所以，人类学习过程中，必须考虑到文化、习俗和情感等因素。

在知识迁移方面，人类学习具有比机器学习更强的迁移能力。人类学习可以根据自身的知识基础、生活经验和各种情景对知识进行迁移，具有自适应的特点；而机器学习的知识迁移能力就相对较弱，若离开了某种学习情境，对某些知识的运用就感到"无所适从"。人是具有主观能动性的个体。因此，其知识迁移能力是机器学习目前所不能赶超的。

在情感交流方面，人类学习比机器学习具有更强的情感交流能力。俗话说"教师是人类灵魂的工程师"，这也就意味着教师是一种塑造人类灵魂的特殊职业，同时也反映了教育的本质是"育人"，这一切都是机器教师所不能取代的。虽然在智能技术的推动下，各种学习平台和 App 软件能够成为学生日常学习的小助手，如小猿搜题、作业帮等，但在情感交流方面的作用远不如人类教师。教育本身就是师者的"言传身教"，机器教师虽然可以通过获取大量的知识对学生进行教育，但还不能对学生的灵魂进行塑造。

随着人类社会逐渐进入智能时代，一方面，机器学习在某些方面超过了人类学习是不可否认的事实，这就需要人类借助智能技术实现人类学习的改革和更新；另一方面，即使机器学习在很多方面超过了人类学习，机器学习也不可能取代人类学习，人类所特有的大脑是人的智能的最重要的体现，如果人工智能想超越人的智能，就必须解开人的大脑之谜。因此，模仿和研究人的大脑的功能和结构，仍然是人工智能研究领域最重要的工作。但是，由于大脑结构、功能的复杂性，对大脑的研究仍然要坚持不懈的努力。由此，我们可以得出结论，目前在机器学习面前，人类不可能被淘汰。

通过上面的分析，机器学习在感知、记忆、储存、判断、预测等方面拥有了比人类学习更强的学习能力，但是机器学习也有一定缺点，即"有智能没智慧"；而人类的智慧强于机器，但智能却比机器弱。因此，智能时代人类学习离不开机器学习的支撑，机器学习没有人类学习的配合也不可能达到理想的学习效果。机器学习的出现，并不是谁淘汰谁的问题，机器学习和人类学习可以形成一个共同体，实现两者之间的优劣互补，给机器学习增加一点人的智慧，给人类学习增加一点机器的智能，最终形成人机共存的共同体，达到未来智能社会的最佳理想状态。

四、新方法论：人类应该如何应对机器学习的挑战

随着科技的快速发展，人类社会进入智能时代。这是一个先进的时代，也是一个让人们充满危机感的时代。智能技术为人类带来机遇的同时也带来了一定的挑战，机器学习进入人们的视野，人们开始担心人类学习是否会被机器学习所取代。因此，人们开始思考智能时代人类应该如何学习才能立于不败之地。

人类应该结合智能技术转变学习方式。机器学习为人类学习方式的变革提供了机遇。面对新兴技术的挑战，学习方式必须进行相应的变革才能回归教育的本质，提高人类的学习质量。人工智能不仅把各种智能技术应用于学习领域，也在一定程度上对优秀文化进行传承与创新。通过结合智能技术转变学习方式，有利于人类重建学习空间，丰富人类的学习资源；有利于优化学生的学习策略，培养创新型和全面发展的人才；有利于培养人类分析问题和解决问题的能力。

人类需要深刻的认识自己，提升自我效能感。北京景山学校计算机教师吴俊杰说："在人工智能时代，在更'黑'的'黑科技'时代，人怎么活着、为什么学习、怎样学习等，才是更本质的问题。"这又让人类回归到一个古老的话题，即认识自己。许多高校设立人工智能课，让学生通过研究机器去了解机器，更深刻地认识自己，提升自我效能感，通过自己形成的认知去认识机器和自身，以提

高自己完成学习任务的自信程度。从认识自己出发，学生会不断发掘自己的学习能力和适应能力。

人类应学习智能技术，了解机器学习。随着智能社会的不断发展，人机协作将成为主流趋势。所以，人类对智能技术的学习必不可少，了解机器学习，知己知彼，方能百战不殆。机器学习是"有智能没智慧"，而人类的学习是"有智慧没智能"，机器学习和人类学习都各有所长，但擅长的领域又各不相同，所以人类应该虚心地向机器学习，小到编程语言，大到智能系统。人类学习智能机器，不仅有助于提升人类的学习能力，而且可以改进人类思维方式和逻辑。

人类应学习人机协作和人人协作，提升三种能力：与人工智能相处的能力、与人相处的能力和超越人工智能的能力。智能社会的协作已经从人人协作扩大到人机协作，智能社会的沟通已经超越了人与人之间的沟通，人与机器的沟通成为可能，并且人与机器的沟通将广泛运用于学习领域。但是，由于机器不能理解人类的内心想法，人与人的沟通将不可被替代，所以人类不仅要提升与人工智能相处的能力，还要提升与人相处的能力。人工智能是由人的智能所创造的，智能时代是人类所创造的时代，人类可以利用独有的创造力来认知智能社会，所以人类要不断提升超越人工智能的能力。

人类应树立正确的世界观和增强创新能力。一方面人类应该树立正确的世界观，世界观是人们对世界的根本看法和总的观点。在智能时代，世界观不是人们对知识的简单堆积，而是在智能技术发展的大背景下，厘清各事物之间的联系，统揽全局，建立一个世界观模型。另一方面，人类应该增强创新能力。机器能够对已经存在的数据进行输入和学习，但是对新事物的创造创新远远不如人类。世界观的树立和创新能力是机器所不具备的，人类树立正确的世界观和培养创新能力能够更好地应对机器学习的挑战。

总之，在智能时代，人类通过学习方式的转变、加深对自身的理解、了解智能技术、学习人人协作和人机协作、提升三种能力，树立正确的世界观和增强创新能力等，不断学习智能技术，从而在智能社会立于不败之地。高中生对诺贝尔文学奖获得者莫言提问"人工智能对世界的影响"时，他幽默地回答说："你们要好好学习，未来还是你们的，不是机器人的。"所以，人类只要不断学习，人类的学习将无可替代的。

第九章

学习评价：一维到多维的变革

学习评价：一个重要的问题

传统学习评价：弊端与改进

智能学习评价：特点与原则

新方法论：如何利用好智能时代的学习评价

2 019 年 8 月 28 日，联合国教科文组织发布《北京共识——人工智能与教育》，成为全球首个为利用人工智能技术实现 2030 年教育议程提供指导和建议的重要文件。该文件强调"人工智能在支持学习和学习评价潜能方面的发展优势，评估并调整课程，以促进人工智能与学习方式变革的深度融合。"学习评价是学习活动的重要环节，它与学生的学业成绩和综合素质息息相关，智能时代应该在传统的学习评价的基础上建立智能评价体系，多方面、多层次对学生的学业成绩和综合素质进行科学、客观的评价。

一、学习评价：一个重要的问题

学习评价是学习活动中的一个重要问题。学习评价一般是指对学习活动进行的评价，是依据学习目标对学习过程及其结果进行的价值判断。学习评价一般包括对学生学习过程中的学习主体、学习内容、学习方法、学习环境等因素的评价，主要是对学生学习过程及效果的评价。

学习评价的主要目的是希望通过学习评价全面了解整个教学活动的过程和结果，改进教师的"教"和学生的"学"，从而使学习活动达到最佳效果。学习评价不仅要关注学习结果，也要关注学习过程；不仅要关注学生的学习水平，也要关注学生在学习过程中表现出来的情感态度等。因此，对于学生的学习评价，我们要本着"学生是一个发展中的、有差异的人"的前提，致力于构建一个科学、公正、合理促进学生全面发展的评价体系。

学习评价作为学习活动中一个重要问题，在其发展和完善过程中体现出以下特点。

评价对象的广泛性。学习评价涉及的对象十分广泛，主要包括评价主体、评价内容、评价方式等。学习评价主体的多元化是指学习主体包括学校领导、教师、学生、家长，以及社会上的其他成员等都能对学生的学习进行评价；评价内容的丰富性，即评价的内容不仅关注到课堂学习的文化知识，还关注到学生学习和成长过程中德智体美劳等多方面的知识；评价方式的多样性，虽然考试是进行学习评价的主要评价方式，但随着智能技术在学习领域的渗透，除了考试这一传统学习评价方式之外，还有多种高效、智能化评价方式。学习评价涵盖的因素较多，因此对学生进行评价时要从多方面进行综合性评价，保证评价结果的公正性、合理性和真实性。

评价目的的发展性。学生是处于发展中的人，具有巨大的发展潜能，学习评价也应该立足于促进学生的发展。在进行学习评价时应促进自我评价和他人评价、量化评价与质化评价的结合，尊重评价者和被评价者的主观能动性，使其在学习评价中发挥其主体性和参与性，促进评价主客体的共同参与，以保证评价结果的真实性和客观性。与此同时，被评价者在对他人进行评价时应该积极进行自我评价，认识到自己学习过程中的不足，使学习评价成为推动学习者发展的重要推动力。

评价标准的一致性。评价标准的一致性体现在学习评价的标准必须与国家的教育目标和学校的教学目标相一致，学习评价是为了使学习活动收到最佳的学习效果，教育目标达到所要求的标准和要求，最终促进国家教育目标的实现。同时，学习评价的标准还体现在以统一的标准对学生进行评价，对学生的教育也只是按照这个标准的条条框框来培养，而忽略了学生的个体差异性。总之，学习评价的标准必须与国家教育目标相一致，同时在对学生进行评价时应该关注到学生的个体差异，应当根据学生的具体问题进行具体分析。

学习评价是学习过程中的重要组成部分，其功能与每一个学生都密切相关。因此，每个学生都应树立科学的评价观，对学习评价的功能有一个全面、科学、理性的认识。学习评价具有多方面的功能，主要具有诊断功能、反馈调节功能、激励功能和导向功能。

诊断功能。学习评价的诊断功能是对学习活动进行的价值判断，可以很好地了解学生的学习水平、对知识的理解和掌握情况、对重难点的把握情况，以及在学习过程中遇到的问题。通过学习评价的诊断功能有利于学生继续发扬优点，努力改进学习中的缺点和不足。例如，通过诊断学生在某个知识点上出错的频率，可以进一步分析其出错的原因，并做好预防下次出错的措施。

反馈调节功能。对学生学习进行的评价，其结果可以及时地为学生的学习提供反馈。根据反馈信息，对学习过程中的各个环节进行有效调节和控制，帮助学生充分认识到自己学习过程中的优缺点，以调整学习进度，改进学习方法，提高学习效率。总之，学习评价的反馈调节功能，就是通过他人的反馈和自己的反馈来调节学习行为。

激励功能。正确、合理的学习评价可以激发学生不断学习的内在动力。通过学习评价，学生可以看到自己的学习成绩，好的评价结果可以激励学生继续学习，差的评价结果也可以促使学生奋发向上。学习评价的激励功能，可激发学生的学习激情，让每个学生都能发挥自己的优势，促进学生的个性化发展。

导向功能。学习评价对学生的学习活动具有引导和定向的功能。学习评价的导向功能犹如"指挥棒"指引着学生的学习路线不偏离学习轨道，学生学习的内容、方式和评价在一定程度上指引着学生的学习活动。

总之，让每个学生都了解科学的评价功能，有利于提高学习效率，激发学生的学习激情，促进学生的自我反思和自我评价，保证学习过程不偏离教育目的的航线。

学习评价受到多种因素的影响，因此学习评价可以按照不同的标准分成不同的评价类型。主要有以下几类：按照评价的功能分可分为诊断性评价、形成性评价和总结性评价；按照评价的主体分可分为他人评价和自我评价；按照参考标准分可分为相对性评价、绝对性评价和个体差异性评价；按照评价方式分可分为定量评价和定性评价。

（1）按照评价的功能分可分为诊断性评价、形成性评价和总结性评价

诊断性评价。诊断性评价又称准备性评价，是指进行学习活动之前，对学生的理论知识、认知、情感进行分析，了解学生在学习过程中存在的问题并提出解决问题的策略的评价。诊断性评价的目的在于发现问题、分析原因，并为此提出解决问题的方案。诊断性评价的评价难度较低，注重学生在学习过程中对知识的掌握。通过诊断性评价，教师可以了解学生的知识基础，以根据学生的情况调节学习进度和学习内容，采取补救措施。

形成性评价。形成性评价又称为过程性评价，是指在学习活动过程中，为了学习效果更好地达到教育目标所进行的评价。形成性评价的评价难度根据学习任务而定，一般在一个课题或者一个单元完成后进行。通过形成性评价，教师能够及时了解学生的学习情况，根据学生的学习情况调整教学方案，以达到最佳的学习效果。

总结性评价。总结性评价又称事后评价，是指在学习活动过后，为了达到教

学的最终效果而进行的评价。总结性评价是注重结果的评价，其评价难度属于中等，一般在一门课程或者一个学期完成后进行，采取中期考试或者期末考试的形式，其目的是通过这种评价判断学生的学习是否达到了课程的要求。通过总结性评价，可以评定学生的学习成绩以及教师的教学情况，有助于对改进今后的教学方案。

三种学习评价的比较如表 9-1 所示。

表 9-1　三种学习评价的比较

评价类型	评价时间	评价难度	评价作用	评价重点
诊断性评价	学习活动之前	较低	检查课前准备情况	重过程
形成性评价	学习活动中	依据任务而定	检查学习情况	重过程
总结性评价	学习活动之后	中等	检查学业成绩	重结果

（2）按照评价的主体分可分为他人评价和自我评价

他人评价是指除开被评价者之外的其他人员按照一定的评价标准对被评价者的学习所进行的评价。他人评价的主体可以是老师、同学，也可以是家长或者其他社会成员。他人评价的优点在于评价结果的客观性和公正性，缺点在于耗费大量的时间、精力和财力。

自我评价是指学生对自己学习过程中的表现及结果所进行的评价。自我评价中，评价的主体和客体都是学习活动的参与者。其优点在于学生可以了解到学习过程中的缺点或不足，促进学习进行及时改进；缺点在于评价的主观性较强，其结果不一定客观、公正。

（3）按照参考标准分可分为相对性评价、绝对性评价和个体差异性评价

相对性评价又称常模参照性评价，是以学生的整体学习水平为参考系数，根据整体学习水平制定评价标准，然后根据这个标准对学生的学习进行评价。相对性评价的优点在于甄别选拔功能较强，缺点在于对学生的努力程度和学习表现不太关注，不能完全反映出学生的真实水平。

绝对性评价又称目标参照性评价，是按照一定的教育目标为学生确定一个参照标准，将学生的学习行为与这个标准进行评价比较，来判断学生对知识的掌握情况与教育目标之间的差距。与相对性评价相比，绝对性评价可以衡量学生的实际学习水平，它关注学生对知识点的掌握情况，如具体掌握了什么知识、没有掌握什么知识，但不利于甄别、选拔优秀人才。

个体差异性评价是自己与自己的比较，即对学生的过去和现在进行比较，或者对学生的不同方面进行比较。个体差异性评价的优点在于尊重了学生的个体差异性，体现了因材施教的原则；缺点在于对学生自己的评价关注到更多细微的变化，由于缺乏客观的评价标准，很难发挥评价的功能和价值。

（4）按照评价方式分可分为定量评价和定性评价

定量评价是以量化的方法对学生的学习过程进行收集、分析和处理，对学习行为做出量化的价值判断。定量评价的优点在于能够为教育和社会甄别和选拔优秀人才，缺点在于忽略了学生学习过程中表现出来的行为，如努力程度、学习表现等。

定性评价则是对学生平时的学习表现进行记录、观察和分析等，对其做出定性的价值判断。定性评价的优点在于关注学生学习过程的表现，表现为对评价结果和教育目标之间的一致性的追求，其缺点在于评价结果较为笼统模糊、难以把握其精确度。

二、传统学习评价：弊端与改进

学习评价的重要性在一定程度上反映了学习评价对学生学习活动的积极作用。随着人类进入智能时代，受应试教育的影响，传统学习评价的弊端日益显现出来，具体表现在以下几个方面。

评价过于注重对知识的记忆，而忽略对知识的深层次掌握和理解。评价注重于学生对理论知识的掌握，而忽略学生的实践。我国教育受到"升学率"指挥棒的长期影响，过于注重学生的考试分数，以分数来衡量学生学习成绩好坏，以分数来选拔优秀人才，而忽略学生综合素质的发展。在这种情况下，学生掌握的只是相对孤立的知识点，很难形成知识体系，过分注重学生对知识量的累积和掌握，而忽视了学生理论联系实际以及实践的操作能力。这种着重学生知识记忆能力的评价理念，使得学生处于一种对知识点死记硬背的状态，很难考查出学生实际解决问题的能力，更无法培养学生的创新能力和批判精神，也无法让学生获得真正的进步和发展。对学习意义的忽视阻碍着理解的生成，缩短的思维过程以及被动地接受学习不仅影响个体理解的形成，也进一步削弱了知识意义的领悟。①

教师掌握着绝对的评价主权，忽略学生的自我评价和他人评价。评价活动以教师为主体，学生处于被动地位。教师主导着这个教学活动，对学生的评价也是掌握着绝对的主权，从而主导着学习评价结果。在整个评价过程中，学生只是作为被评者的角色出现，同时，由于教师的时间和精力有限，不可能做到了解每一个学生每一个过程的学习表现，因此其评价结果存在一定的主观性。学生作为学习活动的主体，比任何人都更加了解自己的学习情况，应进一步结合老师的评价进行自我评价或他人评价，使评价结果尽可能的客观。

侧重于对学生进行总结性评价，忽略过程性评价，过于注重学生的学习结果，而忽略学习过程。在目前的实际教学情况中，评价方式比较单一，评价作为甄别、选拔优秀人才的工具，以纸笔考试为主，而忽略其他的选拔方式。纸笔考试作为对学生学习情况进行考核的主要方式，老师以最终的考试成绩来评价学生。在整个评价过程中缺乏展现学生综合能力的环节，因此无法真正判断学生对知识的理解和掌握程度。学习是一个渐进的过程性活动，而不是一蹴而就的，所以评价应该贯穿整个学习过程。持续的评估能够让教师通过即时的评价反馈，为学生作出阶段性的诊断，及时给出反馈修改意见。② 智能时代可以充分利用智能媒介，记录学生学习过程中的数据，采取过程与结果并重的方式，为学生提供一个公正合理的评价结果。

---

① 陈明选,邓喆. 教育信息化进程中学习评价的转型——基于理解的视角[J]. 电化教育研究,2015, 36(10):12-19.
② 同上。

传统学习评价对学生的个性化发展重视不够。传统学习评价以统一的标准和要求来教育和评价学生，不利于学生的个性化发展，由此，在应试教育大体制下培养出来的学生已不能适应智能时代对高素质人才的迫切需要。随着人类进入智能时代，培养具有独特个性、高创造性和批判性思维的人才成了当下的教育追求。

在传统的以应试教育为主的学习评价中，一些评价者把学生的分数作为唯一的评价标准，并且根据评价结果对学生进行等级划分。这种划分一方面会激励一部分学习者奋发学习，另一方面会拉大部分学生的差距，挫伤其学习的积极性和自信心，不利于学生的心理健康发展和整体学习水平的提高。随着人类社会进入智能时代，进行学习评价时应结合时代趋势和实际情况进行具体分析并提出改进建议，以更好地促进我国教育的发展。基于此，针对传统学习评价的弊端提出了以下几点改进建议。

加强学生的自我评价，提升学生自我反思的能力。在以往的学习活动中，教师是评价的主体，学生的自我评价意识薄弱。智能时代的学习活动应该赋予学生主体地位，让学生对自己的学习行为和结果进行反思。自我评价的关键是能够进行准确的归因，通过学生的自我评价，让学生进行深度的内省，找出自己学习过程中的问题以及学习结果成功或失败的原因，提升学生自我反思的能力。

正确使用正面评价与反面评价，树立学生的自信心。由于学生的个体差异，对学生的评价也应具有针对性，有的学生应给予积极、正面的评价，有的则应该给予反面、批判的评价。如果长期对学生给予正面的评价，会导致学生养成自以为是、骄傲自满的性格；如果长期给予学生反面评价，则会导致学生养成消极、堕落、悲观的情绪。因此，对学生进行评价时，要结合学生的个体差异，平衡二者的关系，给予合理的、正确的正反面评价，从而树立起学生的自信心。

将过程与结果相结合，将形成性评价与总结性评价相结合。在以往的学习评价过程中，总结性评价是使用最频繁的评价类型，大多数教师都较为关注学习结果，而忽略了学生学习的过程。以往教师通过总结性评价来衡量学生的表现，这会在一定程度上挫伤学习结果不理想的学生的学习积极性。因此，教师不应仅以学习结果来评价学生，而应该更关注学生学习的过程。学习评价应该立足于学生综合素质的全面发展，将形成性评价和总结性评价结合起来，对学生进行评价时要综合考虑学生在学习过程中所做出的努力、取得的进步和成果。

将统一评价和差异评价相结合，在统一标准下关注学生的个体差异性。在学习活动中，有些学习要求是面向全体学生的，教师可以用统一的标准对学生进行评价；但在有些学习活动中，教师应该考虑到学生之间的个人智力水平的差异和不同的个性特点。因此，对学生进行评价时，应将统一评价和差异评价相结合，在统一标准下关注学生的个体差异性。教师在教学活动中，注重学生全面发展的同时要关注到学生的个体发展，发挥个体的优势，促进学生的全面发展和个性发展。

总之，智能时代要继续完善传统的学习评价，要加强学生的自我评价，提升学生自我反思的能力；正确使用正面评价与反面评价，树立学生的自信心；将形成性评价和总结性评价相结合，评价时应将过程和结果相结合；将统一评价和差异评价相结合，在统一标准下关注学生的个体差异。让学习评价更好地发挥其在学习过程中的作用，促进学生的全面发展和个性化发展。

三、智能学习评价：特点与原则

学习评价是学习过程中的重要环节，大数据、物联网、互联网、人工智能等各种智能技术的广泛使用对学习评价提出了新要求。联合国教科文组织2019年5月16—18日发布的《北京共识》指出"应用或开发人工智能工具以支持动态适应性学习过程；发掘数据潜能，支持学生综合能力的多维度评价；支持大规模远程教育。"智能技术下运用或开发出的智能学习评价能够支持学生学习，对学生进行多维度和远程评价，不仅可以关注到学生的每个学习过程，注重学生的个性差异，而且能够对学生的学习情况进行监督和调控，从而提高学生自主学习的能力，更好地满足现代学生的需求。

新兴智能技术对人类的学习来说既是机遇又是挑战，它对传统学习形成冲击的同时又为人类的学习注入了新的活力。智能时代的学习评价要综合运用多媒体设备、浏览器、网页、在线学习平台等技术更好地了解学生的学习情况，对学生的学习进行评价。智能时代的学习评价是对传统学习评价的升级和创新，与传统学习评价相比具有评价智能化、评价主体多元化、评价方式多样化、评价标准层次化、评价结果个性化等特点。

评价智能化。智能时代的学习评价与传统学习评价相比最大的特点就是智能化。传统学习评价主要是以每单元学完或者每学期期末进行的纸笔测验为主，主要考查学生对课程知识的掌握程度，这种测验是注重对学生学习结果的评价，而忽略了学习过程。智能时代的学习评价具有智能化这个特点，学生从学习活动开始到学习活动结束都会留下的数据，而智能化的学习评价可以根据这些数据自动地对学生进评价，并且在评价的同时自动对学生进行反馈，使学生不断调节学习状态和进度，从而达到最佳学习效果。

评价主体多元化。传统学习评价主要是以教师为主体进行的单一评价，教师对学生进行评价时带有一定的主观性。这种评价对大部分"差等生"来说是不公平的，评价结果也比较片面、不合理。智能时代学习评价的主体从单一走向多元化，不再是教师单方面进行评价，而是融合教师评价、自我评价、学生互评，家长评价等多方面的综合评价。评价主体的多元化能够保证评价结果的客观性、合理性和公平公正，使每个学生都能清楚地认识自己，找准自己的定位。

评价方式的多样化。传统学习评价主要通过考试的方式来评价学生，而考试只是注重于对学生学习结果的评价。考试是教育教学中不可避免的评价方式，即使是现在的高等教育中也存在着考试这种评价方式。譬如，在当今的高等教育中，常是根据学生平时学习的表现和考试成绩按照 4：6 或者 6：4 等的计算方式来评价学生。虽然这种情况很难立马解决，但可以以更加开放合理的方式来对待分数，如透过分数来看学生的学习情况。除了考试之外，还有很多其他的评价方式，如从学生观看课程的时间长短、相关知识点的浏览次数、课堂测试的正确率、学习成长档案等多方面进行综合评价。学习过程到结果都应给予同样的关注度。

评价标准的多层次化。传统的学习评价只是以统一的标准来评价所有学生，忽略了学生的个体差异，在一定程度上限制了学生的个性化发展。智能时代的学习评价在美国心理学家加德纳的多元智力理论的支持下，关注学生的智力差异和性格差异。对学生进行评价时采用多层次的评价标准，以学生在学习过程中的表现作为评价的基础，根据他们的智力差异和性格差异进行评价。智能时代学习评价标准的多层次化，不仅有利于促进学生的全面发展，而且有利于学生的个性化发展。

评价结果的个性化。传统学习评价通过定性的方式把学生定为"优生""中等生"和"差生"，仅仅凭借考试成绩来判定，忽略了数字背后每个个体的差异；只注重群体之间的共时性比较，忽略了个体的历时性对比。而智能时代的评价结果避免了这种弊端，能够将共时性和历时性相结合；同时，还依据学生的个体差异，通过多层次的评价标准得出个性化的评价结果，对学生学习的评价结果从塑造统一的"规则体"转变到提倡个性的"不规则体"。

任何事情都具有两面性，马克思主义唯物辩证法要求我们在认识事物的时候要学会一分为二地来看待。针对智能学习评价，不仅要知其所长，更要明其之短，其不足之处主要体现在以下方面。

智能学习评价作为一种新事物，其系统不够完善，还存在一定的缺陷。一方面，由于受思想观念的影响，部分师生对智能学习的认可度不高和接受度不强，从传统学习评价过渡到智能学习评价有一定的难度；另一方面，由于智能学习平台缺乏科学、有效的学习评价管理体系从而制约着智能学习平台的使用。我国正处在智能学习平台运用的初级阶段，在运用初期可能存在一些问题，如对学生学习的客观数据记录不充分，对学生的评价主要依赖于主观评价和动态评价，学习过程中出现的问题也不能得到及时的反馈和解决。

智能学习评价缺乏一个长效的奖励机制。一个长效的奖励机制不仅可以调动学生学习的积极性，还能给学生带来良好的学习体验，保持学习者的学习热情。智能学习平台的课程主要由学生自主在线上进行学习，学生在规定的时间内完成相应的课程后，智能学习平台最终会给学生一个最终评价，以电子的形式为学习者颁发结业证书，并通过邮寄的方式传递到学习者手中，但是很多课程的结业证书缺乏权威认证，长此以往，磨灭了学生的学习激情。

智能学习评价的实时互动性较差，缺乏教师与学生以及学生与学生之间的面对面沟通，导致教师并不能了解到学生的真实想法，不利于学生的身心发展。智能学习评价交流的滞后性严重制约了智能学习的普及和运用，学生在智能学习平台下遇到的问题不能得到及时解决，久而久之降低了学生对智能学习平台的体验程度，使学生不能取得理想的学习效果，最终会延缓智能学习平台的发展和普及。

基于智能学习评价的不足，要在不断发展和完善智能学习评价的过程中，构建智能评价体系。在构建智能评价体系时，要保证技术支撑，加强实时监督，明确划分职责，赏罚分明等，并遵循以下原则。

科学性原则。智能学习评价体系作为在线学习平台的重要组成部分，评价指标、评价数据以及评价结果与整个学习活动相互关联、相互补充。因此，必须保证智能学习评价体系的科学性，才能使整个教学活动更加科学、高效。智能学习评价体系不能出现资源浪费、职位重叠等情况，以保证整个评价体系高效、便捷、科学的运行。

有效性原则。智能学习评价体系的评价指标和数据必须真实、有效，保证评价的有效性。智能学习评价能够有效地对学生的学习业绩进行评价；评价要符合学生的实际情况；关注每一个学生，使每个学生都能发展进步。同时，学生的发展又能够有效地促进智能学习评价，这是学习评价的有效性所要达到的目标。

发展性原则。智能学习评价体系的建立必须要具备可发展性。每个学生都是发展中的人，具有无限的发展潜能；所以，智能学习评价必须要促进学生的发展，要鼓励学生取得进步。对学生的评价不能仅取决于分数，如果只是按照传统的学习评价，教师把分数作为评价学生的标准，很多学生不但不能取得进步，而且其学习积极性还会被打击。

可行性原则。智能学习评价体系的建立是每个师生共同努力的结果，体系中的每一个评价指标、评价方式、评价主体都要明确、具体，使老师和学生容易理解和接受，这样才具有操作性和可行性。

智能学习评价体系的建设对智能学习的建设、管理和学习型社会的实现都有重要意义。

智能学习评价体系的建设能够加强智能在线学习平台的建设和管理。智能学习评价体系的建设能够为家长、教师、学校或其他相关教育部门提供整理好的用户信息，使他们更好地了解学生的具体学习情况，从而对学生学习中存在的问题提出相应的解决策略。同时，智能学习评价体系对智能学习平台的评价和管理起规范作用，在同一评价标准下对学生进行评价，使评价更加规范、科学、合理。

智能学习评价体系的建设能够促进学习型社会的实现。智能学习评价体系的建设能够推进智能在线学习平台的建设和发展，在线学习平台的建设和使用有利于解决教育不公平的问题。智能学习平台能够缓解贫困山区孩子上学难和优质学习资源匮乏等问题，使每个人都有同等的接受教育的机会，从而促进学习型社会这个终极目标的实现。

总之，智能时代的学习评价可以实现学习评价的智能化、主体多元化、方式多样化、标准多层次化，进而构建智能学习评价体系，智能学习的学习评价体系对智能学习的建设、管理和学习型社会的实现都具有重要的价值。智能时代的学习评价运用各种智能技术使评价更灵活、高效，使评价更客观、科学。

四、新方法论：如何利用好智能时代的学习评价

学习评价是学习过程中必不可少的一部分，智能时代的学习评价对智能时代的学习更是起着导向作用。智能学习评价不仅对学习活动起着调节、引导的作用，而且能够帮助学生认识自我、建立自信；此外，还能促进学生的发展，为学习活动注入新的活力。因此，如何利用好智能时代的学习评价成为智能学习中普遍关注的话题。

关于如何利用好智能时代的学习评价，可以从以下几个方面进行。

要为智能学习评价系统提供技术支持，保证评价体系的科学规范。传统的学习评价几乎不需要任何技术支持，都是人为进行的评价。这种评价存在一定的主观性，不能保证其科学性和规范性。而智能学习评价体系只有在智能技术的支撑

下，才能保持正常运行和使用。机器评价相比传统人为评价更具有客观性，能够保证评价体系的科学规范。所以，对智能时代学习评价的利用的首要前提是保证技术的支持。

拒绝渗入情感因素，保证评价结果的客观性。目前，智能机器存在情感交流的缺陷，正是这种缺陷保证了评价结果的客观性。传统学习评价在评价时能够渗入人为的情感因素，有可能带有"人情味道"和"经验主义"来对学生进行评价。而智能评价是机器为主的评价，智能机器在评价时没有人为的情感因素和个人利益，能够真实、准确地根据学生在学习过程中的表现和学业成绩对学生进行评价，保证评价结果的客观性和合理性。

评价要赏罚分明，保证评价的公平公正。所谓赏罚分明，是指对学习表现好的学生要给予较高的评价，而对学习活动中表现不好的学生要给予较低的评价。对学生的评价要做到实事求是，这要求智能学习评价既要有确定性，又要有灵活性。不管评价结果高与低，都应该虚心接受，表现得好的地方继续发扬，表现得不好的地方努力改进。赏罚分明的智能学习评价，能够保证评价结果的公平公正，不仅使所有学生在这种评价体系下能够被公平对待，而且能够让学生清楚地认识自己，找准自己的定位。

教师和学生要自觉遵循评价规则，做评价体系的维护者。没有规矩不成方圆，任何事情都有自己的规则，智能时代的学习评价也不例外。教师和学生作为智能学习评价的主体，以参与者与自我评价者的角色出现。因此，要自觉遵循评价规则，做智能学习评价体系的维护者，确保智能学习评价的合理利用。

要及时对评价进行反馈和分析，以改进学习方法。学习评价是有效促进学生全面发展的重要手段，所以智能时代的学习评价要贯彻每一个学习环节。一方面，评价应关注学生是否积极主动参与学习活动，是否与老师同学交流讨论，并且提出自己独特的见解。另一方面，智能学习评价在对学生进行评价时，需要恰当的语言和合理的时机，促进学生自觉调整自己的学习进度和方式。通过这种智能学习评价，不断为学生提供反馈信息，提升学生学习的兴趣和能力，促进学生素质的发展。

人类进入智能时代，传统的学习评价仍有可取之处，但古人有云："流水不腐，户枢不蠹"，唯有与时俱进者方能有所斩获。传统的学习评价须进行改革和创新，才能在智能时代"分得一杯羹"。智能时代的学习评价也须注意"前车之鉴"，在智能技术的支撑下进行多维度评价和远程评价。智能时代下学习评价实现了从一维到多维的变革，评价主体从教师主导的一元化到多主体共同参与的多元化，评价方式从单一的纸笔测验到多种方式有机结合的综合测试，评价标准从僵硬的统一标准到灵活的多层次标准，评价结果从"规则体"到"不规则体"。智能时代下的学习，不再仅仅依据传统的评价方式对学生进行评价。

以上正是智能时代下的智能评价体系，不仅做到了从一维到多维的变革，还很大程度上避免了传统学习评价方式单一、僵硬的弊端。每个时代也有它特有的学习评价方式。站在前人的肩膀上，可以看得更远，同时也应注意不要在前人摔倒的地方再次摔倒。正如习近平总书记在 G20 峰会上强调的："全球经济治理应机制开放、适应形势变化"。智能时代下的学习评价也应与时俱进，顺应潮流。

第十章

碎片化学习：价值、缺陷与超越

碎片化学习：新型的学习方式
泛在学习：碎片化学习的价值
负面影响：碎片化学习的缺陷
新方法论：碎片化学习的超越

在 智能时代下，以碎片化学习为特征的学习方式已经逐渐成为当今世界人类社会学习的重要方式之一。什么是碎片化学习，以及碎片化学习的特征、价值、缺陷和超越，是本章要讨论的主要内容。

一、碎片化学习：新型的学习方式

自 2015 年"互联网＋"被纳入国家发展战略以来，"互联网＋教育"的落地对传统教育带来了一定的影响，在很大程度上改变着人们的学习方式。随着各种移动学习、泛在学习等智能学习的兴起，碎片化学习作为一种新的学习方式出现在学习者面前。

学习者可以通过移动手机终端（如图 10-1 所示）上的各种 App（如微博、微信、QQ、知乎、快手、抖音等）和学习平台（MOOC、松鼠 AI 智适应、学习强国、翻转课堂等）获取知识、习得技能。这些 App 和学习平台上有海量优质的学习资源进行分享和传播，能够最大程度地满足学习者的个性化需求。以湖南省 2018 年的职业院校为例，全省完成新建数字化教学资源库 531 个，开发原创性信息化教学资源 32.78 TB，智慧课堂教学课时占总课时的比例达 24.12％。[①]全国高校对信息化学习资源的建设和开发则更为可观，这种大规模的信息化学习资源使碎片化学习更为普遍。

图 10-1 通过移动手机终端学习[②]

---

① 湖南省教育厅．湖南省高等职业教育质量年度报告（2019）［R/OL］．（2019-02-18）［2019-11-13］．http://jyt.huna.

② 图片来源：http://img.mp.itc.cn/upload/20170426/5d20781e409a49e09ce381ec47857abb＿th.jpeggov.cn/sjyt/xxgk/tzgg/201902/t20190218＿5275930.html

"碎片化"如今已渗透到政治、经济、文化、生活、学习等多个领域。在学习领域，由于信息技术快速发展，催生出的新技术、新产品在教学中广泛应用，在工作、生活之余，人们携带智能手机和可穿戴设备，用大量碎片化时间进行碎片化学习，在海量信息中自主学习并获取各种知识碎片。人们的学习习惯和行为方式正悄然发生变化，人类进入碎片化学习时代。[①]

可以看出，碎片化学习已成为智能时代人类普遍使用的学习方式。为了使学习者更好地通过碎片化时间和空间进行学习，首先必须要对其含义有一个基本的认识。

"碎片化"是指完整的东西变得零散，意味着打破常规，用新的思维方式创造出新的东西。对于碎片化学习的定义，研究者认为有广义和狭义之分。一些研究者认为，碎片化学习的广义定义是指学习者根据自身学习情况，在自然环境中使用零碎知识内容进行学习的学习风格，并通过多样化的智能学习媒体以及分散的时间和空间进行学习的一种新的学习方式。[②] 而另外一些研究者则认为，碎片化学习的狭义定义是指一种在碎片化时间内充分利用网络学习平台以及多种媒体资源、无限制空间、灵活的学习形式进行的有效系统学习的方式。[③] 无论是广义的碎片化学习还是狭义的碎片化学习，它都指学习者在零散的时间和空间里充分利用各种移动终端获取知识，进行有效的学习。

碎片化学习和智能技术快速发展以及各移动终端迅速普及有着十分密切的关系。一方面，智能技术的快速发展能够带来信息资源的碎片化，碎片化学习是信息资源碎片化的必然结果，打破了学习者对传统学习模式的看法；另一方面，各移动终端的迅速普及是碎片化学习的前提和基础，学习者对手机的灵活运用使碎片化学习成为可能，颠覆了传统的学习方式和行为。学习碎片化是学习时空碎片化和内容碎片化的结果（如图10-2所示）。

智能时代碎片化学习具有工具多样性、时间不连续性、空间不固定性、内容零散性和注意力随意性等特点。

① 聂炬. 大学生碎片化学习现状及应对策略[J]. 中国教育技术装备,2017(20):23-25.
② 王觅. 面向碎片化学习时代微视频课程的内容设计[D]. 上海：华东师范大学,2013.
③ 王竹立. 移动互联时代的碎片化学习及应对之策：从零存整取到"互联网＋"课堂[J]. 远程教育杂志,2016(4):9-16.

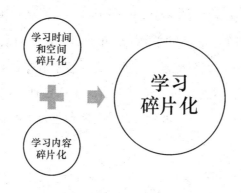

图 10-2　学习碎片化

智能时代碎片化学习具有工具多样性的特征。近年来，随着"互联网＋"的推进，各种移动设备为碎片化学习提供了必要的条件。在智能时代，人们的学习工具趋向多样性，人们对各种以智能技术为基础的新兴电子设备（如手机、电脑、多媒体等）和新兴媒体形态（如短信、微信、微博、网站、广播和小视频等）的使用率大大增加。学习工具的多样性能够实现学习者和信息之间的交互，使学生在接收信息的同时也能创造信息、传递信息。同时，它还能实现文字、图片、音频、视频等多种资源的整合，满足学习者的个性化需求。

智能手机由于其价格、体积、容量等优势倍受学习者的青睐，作为智能时代下进行碎片化学习应用最广泛的学习工具。在智能时代，随着智能技术的发展和移动网络的普及，智能手机成为每个人的随身必备装备，学习者可以利用手机在各个场景随时随地进行碎片化学习。如在听课、听讲座的活动中，由于信息量太大，导致信息记录不全，这时可以利用移动手机的录像或录音功能记录相关信息；在忘记携带笔记本的情况下，可以利用手机的"便签"或"备忘录"记录下重要信息；在遇到知识盲点的情况下，可以利用智能手机在网上进行扩展学习，加深自己对知识的理解和运用。

智能时代碎片化学习具有时间不连续性和空间不固定性的特征。时间和空间是人类进行学习活动必不可少的要素，传统的学习模式把学习活动限定在特定时间和特定地点，而智能时代的碎片化学习打破了时间和空间的"特定"限制，使其具有不连续性和不固定性。现如今，随着生活节奏的加快，学习者的碎片化时间越来越多，原本需要在完整的时间里完成的任务被"肢解"成若干部分，使学习者可以在碎片化的时间里完成分解的内容。学习时间碎片化导致学习任务很难在某个固定的学习空间去完成。因此，学习者的学习空间从固定的场所变得广泛、无限制，学习者可以在公交上、地铁上或者餐桌上等各个场所进行碎片化学习。碎片化学习时间的不连续性和学习空间的不固定性打破了时间和空间的限制。只要有互联网的地方，学习者就可以随时随地进行学习（如图 10-3 所示）。

图 10-3　时间碎片[①]

智能时代碎片化学习具有内容零散性的特征。互联网时代的到来使"广阔无边"的地球变得"触手可及"，学习者可以通过多种网络渠道获取知识，了解世界；移动互联网的普遍使用，使整个地球变得更加密切。但是，由于网络渠道众多，学习内容容易由整体分散成众多较小的部分，知识与知识之间的相关性很小，导致知识的混乱和零散。学习者通过手机端和电脑端上的各种 App、网站或者平台获取学习内容，这些内容可以是一张图片、一个表情、一封邮件，也可以是几句话或者一个音频等，尽管这些信息有时可能存在不成体系的只言片语等缺点，但仍然受到广大学习者的青睐，这种"简""短""快"的碎片化内容能够满足当今社会"快餐"式生活节奏，这些信息的特点就是零散化、碎片化。[②] 智能

---

① 图片来源：http://www.hzmba.net/upload/2019-01-15/71033b874c6794f05caf8060fc0304fb.jpg
② 林楠,吴佩婷.新媒体时代下的碎片化现象分析[J].广西师范大学学报:哲学社会科学版,2014(4):47-51.

时代对网络的普及和运用使知识由整体变成部分的同时也丰富了碎片化学习的内容，并且能够满足学习者时时学习和处处学习的需求。

智能时代碎片化学习具有注意力随意性的特征。人类的学习和生活节奏在智能技术的催化下变得更快，致使人们的思维实现跳跃式的飞跃。碎片化学习内容的零散性容易导致学习过程的随意性，学习者的注意力随着学习内容的转换而变化。因为碎片化学习内容的相关性小，所以学习者很难从整体来思考问题，进而难以形成自己的知识体系。

碎片化学习具有平台多样、内容丰富、选择多样的特征。碎片化学习的学习平台不再局限于传统的课堂式学习，随着智能技术的不断深入，学习平台呈现出多样性特征，如各种在线学习平台和学习 App 为学习者提供了多种学习选择。同时，碎片化学习的内容十分丰富，涉及英语、地理、数学、化学等各个方面的知识，各知识点可以同步学习，使学习者的知识获取不再局限于某个学科的每个知识点。学习平台的多样性和内容的丰富性为学习者的学习提供了多种选择，能最大限度满足学习者的不同学习需求。

智能时代碎片化学习工具、时间、空间、内容和注意力都具有碎片化的特征，这决定了智能时代下的学习者不仅要接受和使用互联网终端进行碎片化学习，还要对传统的学习方式进行变革。当然，碎片化学习表面上看似杂乱无序，但如果对碎片化学习的内容、时间与方式进行有效聚合与管理，变无序为有序、变关联松散为关联紧密，还是可以克服碎片化学习带来的不利因素，达到建构知识结构的目的。[①]

二、泛在学习：碎片化学习的价值

现如今，人类的学习、工作和生活都离不开智能技术的支撑，人类获取知识

---

① 黄建锋．碎片化学习：基于"互联网＋"的学习新样式[J]．教育探索，2016(12)：115-119.

的途径也因为移动设备的普及而趋向多元化，各种移动 App、学习平台、网站和综艺类节目等都成为学习者获取知识、传递知识和创造知识的重要载体。以手机为主要终端的碎片化学习对学习本身、学习者和教师都具有重要的价值。

（一）学习的角度

在现代学习中，自主学习是最为显著的特征之一，同时也是人类学习成功的可靠途径。碎片化学习更强调自主学习，而自主学习是一个人学习能力的重要表现。智能时代下的碎片化学习突破了时空的限制，学习资源和学习平台多种多样，使碎片化学习可以随时随地进行。因此，智能时代的学习者更应该好好利用碎片化学习，培养自主学习能力。

碎片化学习能够突破传统学习时间和空间的限制，为学习者提供随时随地学习的机会。正因为这样，碎片化学习具有突出的灵活性特征，其灵活性主要体现在学习时间、空间和内容上。由于学习时间的灵活性，学习不再局限于学校特定的上课时间，学习者可以在课堂规定时间之外随时进行学习；由于学习空间的灵活性，学习者在公交、地铁、办公室、食堂、寝室等各种场所进行学习；由于学习内容的灵活性，学习者可以根据自己的兴趣和需求随意地选择学习内容。手机不离身是现代社会的普遍现象，对手机的合理利用能实现"时时学习"和"处处学习"，从而达到符合自己需要的学习效果。

互联网背景下的学习资源具有多样性，为碎片化学习提供了丰富的学习材料。互联网背景下的学习资源覆盖面广、信息量大、共享便捷，具有多样性。学习者在进行碎片化学习时，可以根据自己的兴趣爱好和知识需求自由选择多样性的内容，并且学习者对大部分碎片化学习内容的获取主要是通过刷信息、阅读信息、进行互动以及根据自己的知识基础进行信息加工实现的，如图 10-4 所示。这样的信息获取和处理方式既可以丰富学习形式，又可以根据自己的能力进行学习，提高学生的综合知识水平。碎片化知识点往往相对简单，并具有独立的逻辑性，容易被没有太多专业背景的人理解。[①] 碎片化学习内容不像传统知识点具有极强的逻辑结构和线性结构，学习者进行碎片化学习时应该自觉培养发散思维，

---

① 郭玥. 移动互联背景下碎片化学习模式的策略研究[J]. 数字通信世界，2019(08):245.

对多样化的碎片化学习内容进行整合构建，达到开阔眼界和补充课堂知识的目的。

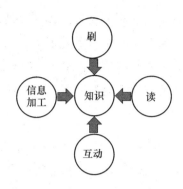

图 10-4 碎片化学习内容获取环节

碎片化学习是智能时代发展的产物，它的出现和使用符合历史发展趋势，具有时代性。随着智能时代的快速发展、各种新兴媒体的出现和知识更新频率的加快，导致学习者接受知识的周期缩短。互联网围绕"学习者"这个主体对知识进行更新和传播，能够在很大程度上保持知识的新进性和科学性。凭借知识生成较快、传播载体丰富、网络便利化等优势，学习者能实时掌握最新数据信息，也利于学习者紧跟时代热点，及时更新最新知识内容。[①]（如图 10-5 所示）

（图片来源：https：//i01piccdn.sogoucdn.com/6770a4c645053970）

图 10-5 人类进行碎片化学习

---

① 王祥修,左丽丽.互联网时代大学生学习的碎片化现象及其对策研究[J].发展研究,2019(06):94-100.

（二）教师的角度

从古至今，人们对教师的定义都离不开"师者，所以传道授业解惑也"。一直以来，"传道、授业、解惑"是教师的光荣使命。在这个智能技术高度发展的时代，碎片化学习的出现是对教师和传统教学方式的突破和创新，教师不仅要对传统教学方式进行变革，还要将课堂教学和碎片化学习结合起来，达到深化学习内容的目的。

智能时代背景下的碎片化学习，打破了传统固定时间和固定空间的学习模式，学习者可以在"无边界"的碎片化时间和空间里进行碎片化学习。教师在碎片化学习环境下应该更好地发挥其引导作用，要在课堂高能时间段进行知识体系架构建设和疑问解答，为探索新的授课模式提供更多的可能性。[①] 这种新型的授课模式不管是对教师还是对学生都有较大的吸引力，作为激发课堂活力和生命力的催化剂，能够促进教师对新的教学模式和知识的探索、创新。

"人类教师与智能教师"是当下讨论的热点话题，这对人类教师来说既是机遇，又是挑战。智能时代的碎片化学习是通过智能移动终端来传播知识，省去了传统人类教师的"口口相授"和"面面相授"等环节，但这种模式缺乏教师的管理和情感交流，不利于课堂的开展。而仅由人类教师传授知识的课堂因教师精力、知识储存能力、记忆力等方面的原因而存在一些缺陷。所以，人类教师为了更好地把控课堂，达到更好的学习效果，应树立将碎片化学习与传统教学相结合的意识，实现"人机交互"和"人机协作"。人类教师和智能教师成为共同教育者（如图 10-6 所示），促进碎片化新型媒体模式与传统教学模式的优势互补和教学的发展。

教师对移动终端的合理利用可以促进"时时学习"和"处处学习"的实现。通过移动终端，教师不仅可以更新自己的教学方式、提升专业知识和技能，还可以对学习内容进行再次扩展、更新和传播，满足学习者对知识的渴求。将碎片化学习融入学校学习活动中，能够为学生提供适应不同阶段的学习内容，学生的知识盲点和困难都能够更好地解决。此外，移动终端的使用，使教师能够及时收集

---

① 毕玉珊,林玲玉,曹爱萍.基于移动网络环境碎片化学习模式研究[J].黑龙江科学,2019,10(13)：18-19.

反馈信息，掌握每一个学生课内外的学习情况。

图 10-6   人类教师和智能教师成为共同教育者①

（三）学习者的角度

学习者是学习活动的重要组成要素，每个移动端的用户都是学习者。塔夫（Tough）认为，个体"具有自动自发学习的潜能"，在学习过程中对自己的学习负责，能够自主制定和执行学习计划、选择学习策略。② 碎片化学习更要赋予学生主动性，使其主体地位得以充分体现，这对提升学习者个性化发展具有重要意义。

人是能动的主体，智能时代下的碎片化学习使人的能动性得以充分体现。随着智能技术的快速发展，人们生活节奏和知识更新频率加快，互联网每时每刻都有数不清的信息流动，还有无数的学习资源和方式，学习者可以根据自己的喜好和需求选择学习内容，找到适合自己的学习方法并取得进步，充分发挥自己的主观能动性，这有利于实施教育主体性、健康为本的理念。③ 学习者在使用移动设备进行碎片化学习时，因为外界的干扰因素较少，所以学习者可以根据自己的实际情况能动地、自主地选择学习内容，促进自身个性化发展。

碎片化学习更强调学习者的操作性，使学习者在学习时由被动变得更加积极

---

① 图片来源：http://5b0988e595225.cdn.sohucs.com/images/20171023/44d348bb1513472e8435fa3ba628b11f.jpeg
② 张金兰,周维华.建构从"碎片化"的分解到"系统化"的还原——成人知识传授的新路径[J].中国成人教育,2019(11):8-12.
③ 王祥修,左丽丽.互联网时代大学生学习的碎片化现象及其对策研究[J].发展研究,2019(06):94-100.

主动。在如此庞大的信息库下，学习者对学习内容的选择不是被动的，而是积极主动的。学习者通过移动设备自主选择学习内容，自由进行讨论和交流等充分发挥了学习者的主体性，对于培养学习者的主体精神和主体性人格起到一定作用，有利于学生形成批判性思维、提升思辨能力和自主学习能力。[①]

碎片化学习对学习者的反馈具有即时性。碎片化学习还有一个好处，就是能够及时对学习情况进行反馈，其即时性是指学习者能够在获取知识的第一时间反馈学习情况，学习者根据反馈信息自觉调整自己的学习进度和内容。反馈的即时性体现在当学习者"刷"到某个知识点时，通过碎片化阅读来获取知识，如果放下手机不能回想起这个知识点，可以及时对刚刚的内容进行巩固和加深。

碎片化学习是现代社会"快餐式"生活的重要学习方式，学习者应充分利用移动手机以及学习内容便捷性、时效性、分享性等特点，发挥碎片化学习的价值，真正促进全民学习。

三、负面影响：碎片化学习的缺陷

任何事物都有具有两面性。碎片化学习是智能技术快速发展和时代进步的产物，作为一种新的学习方式，在对学习者产生积极影响的同时，也存在一定的负面影响。学习者通过移动设备进行碎片化学习获得了大量最新信息，但因其"碎片化"的特征，也存在一些需要克服的缺陷。

知识零散，难以形成知识体系。智能时代碎片化学习的各种知识资源呈现出支离破碎、杂乱无章等缺陷。另外，碎片化的知识点之间跨度很大，这条信息属于语文知识，下一条信息可能是科学或者其他知识，这些知识难以系统化、体系化，如图 10-7 所示。由于碎片信息之间逻辑关系不强，加之学习时间和学习空间的不固定，导致记忆难度增加，学生每天浏览几条时政信息、背诵十几个英语单词、观看几个微视频，看似学习很充实，实质上这种一掠而过、走马观花式的

---

① 王祥修,左丽丽.互联网时代大学生学习的碎片化现象及其对策研究[J].发展研究,2019(06):94-100.

学习让学生记住的知识寥寥无几，很难取得好的学习效果。[①] 这种碎片化学习属于浅层学习，与系统性学习之间形成一定的对立，[②] 这种对立很难使碎片化知识联系起来，形成系统的知识体系。

碎片化知识相对浅显空洞，缺乏深度。由于移动终端传播的知识主要面向大众，所以大部分知识都以简单、易学为主，对于一些难度较大的知识点，信息编辑者在编辑时也有意识地降低了信息难度或者采用"问题"到"结果"的逻辑形式存在，将复杂知识简单化。知识的传播展示过程省略了其中的逻辑演绎过程、隐藏了问题到结果之间的具体联系和主要原理，这使得新学的知识与头脑中原有知识之间不能建立起联系，个体的知识点仅仅存在于"点"无法达到"线"和"面"，新知识便成为空中楼阁。[③] 因此，在这种情况下，学习者并没有获取到知识的精髓，缺乏深度和灵魂，比较空洞、干巴，这样的知识对学习者来说没有太大实质性的意义。

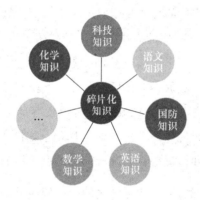

图 10-7　不成体系的碎片化知识

学生只注重获取知识的数量而忽略了质量。学习者着迷于获取碎片化知识的快感，所以只注重知识的数量，往往忽略了其质量。智能时代学习的"碎片化"特征，致使学习者根本无法静下心来深入思考一个问题，无法集中注意力学习，他们对知识的获取停留在网络浏览的碎片阅读上。大部分学习者很难将这些零散

①　郭利霞．移动互联网背景下大学生碎片化学习优化研究[J]．科学咨询(教育科研),2018(10):44-45.

②　李冬莲．"互联网＋"时代碎片化学习误区研究[J]．无线互联科技,2019,16(14):21-23.

③　王绍建,冯宝贵,孙娟．移动互联网时代碎片化学习的反思[J]．科教文汇(下旬刊),2019(08):54-55.

的知识联系起来，久而久之，也不能形成完整的知识体系，从而打击学习者的学习兴趣和自信心。

碎片化学习内容涉及面广而粗糙，结构不严谨，且知识更新快、周期短。网络中的碎片资源来源非常复杂。微博、微信、博客等将用户连接起来，以随机的方式发布有着微弱联系或几乎全无联系的知识碎片，于用户间流传。为了保证信息的新鲜度和流行性，吸引更多的用户，信息更新的频率越来越快，致使碎片知识的呈现周期越来越短。[①] 碎片化学习内容涉及的面广而粗糙，结构不严谨，且知识更新快、周期短不利于学习者的系统、结构化学习，甚至各种凌乱知识的出现不仅不会帮助学习者构建系统化知识，反而会干扰原有的知识结构。

学习内容的碎片化容易导致思维的碎片化。学习内容碎片化，即碎片化的知识点之间缺少关联性，导致学习者无法将其纳入自己原有的内在认知体系中，不利于知识体系的构建和专业技能的形成。[②] 面对海量的数据、巨大的信息量，人类的思维与屏幕中动态流动的像素高度匹配，变得更为敏捷，习惯以爆炸式方式收发信息，最终演进出非线性的思维路径，思维方式呈现发散性、碎片化的特征，造成认知的浅表化。当下，蛊惑性的标题、煽情性的言语、娱乐性的内容、跳跃性的链接、夸大化的数据、美图后的照片，甚至充斥着暴力和色情的污染信息，导致读者思维的游离与断链。[③] 因此，学习内容的碎片化不利于学习者对某一问题进行深度思考，容易导致其思维的碎片化（如图 10-8 所示），长期的碎片化学习对学习者的思维和情感等都会造成一定的负面影响。

碎片化学习在一定程度上影响了学生的身心健康发展。一方面，碎片化学习主要是通过手机移动设备进行的，随着现代生活节奏的加快，碎片化时间的增多导致碎片化学习更频繁，而长时间盯着手机会对学习者的眼睛、脊椎、皮肤等造成伤害，屏幕所塑造的"低头族"沉迷并穿梭在手机数据和信息流中，最终成为屏幕的臣民，导致身心发展的畸形，并且会减少人与人之间交流，不利于人际交往。另一方面，网络上的碎片化信息中充斥着大量虚假、劣质、低俗、不完整、不准确，甚至错误的信息，不仅容易引发信息"污染"，甚至会导致信息"迷

---

① 陈晨. 互联网背景下的碎片化学习[J]. 现代交际,2019(16):25+24.

② 李冬莲. "互联网＋"时代碎片化学习误区研究[J]. 无线互联科技,2019,16(14):21-23.

③ 刁生富,刘晓慧. 盛行于焦虑:技术文化哲学视野中的阅读问题[J]. 西南民族大学学报,2019(10):58-62.

航"，屏蔽并淹没真正有价值的知识和信息，[①] 缺乏辨别力的学习者则很容易被不良信息所误导，如果没有正确引导，容易误入歧途，所以学习者要自觉对不良信息说"NO"（如图 10-9 所示）。此外，对于缺乏自制力的同学，容易着迷于手机上的交友信息、游戏、抖音小视频等，这样会使他们偏离学习的最终目的。

图 10-8　思维碎片化[②]

图 10-9　自觉抵制不良信息[③]

智能时代下的碎片化知识由于其本身的"碎片化"缺陷，学习者获取的知识相对简单，缺乏灵魂和深度，并且大部分学习者都很难将各种知识联系起来，导致知识之间难以形成系统的体系。同时，随着生活节奏的加快，学习者们更热衷

① 郭利霞．移动互联网背景下大学生碎片化学习优化研究[J]．科学咨询（教育科研），2018(10)：44-45.

② 图片来源：http：//www.hdtmedia.com/wp-content/uploads/2015/02/81.jpg

③ 图片来源：http：//5b0988e595225.cdn.sohucs.com/images/20180129/6ddd6c908f1845d39597495627385308.jpeg

于获取知识数量的快感，而忽略了知识的质量，这些"碎片化"特征会导致学习者思维的碎片化，还会对学习者的身心健康发展产生一定的影响。

虽然上述缺陷是智能时代碎片化学习存在的现象，但是可以通过一系列措施弥补这些缺陷，实现对碎片化学习的超越。

四、新方法论：碎片化学习的超越

碎片化学习是智能技术发展的必然结果，也是时代发展的必然趋势。碎片化学习具有很强的随意性，如果没有正确的引导，可能会导致碎片化知识与系统化知识严重脱节，甚至可能会与学习的初衷背道而驰，不利于人才的培养和社会的进步。因此，碎片化学习与教育目的相切合，成为当前教育的重中之重。每一个人都要正确看待碎片化学习行为，不要让碎片化切断学习脉络，不要让碎片化打破应有的学习氛围，要学会合理运用碎片化，引导碎片化学习，[1] 实现碎片化学习的超越。

建立完整、系统的知识框架。大部分学习者在进行碎片化学习时过多关注"点"，而忽略了二维的"线"和"面"，更难形成完整的三维知识架构和知识体系。所以，学习者要自觉将各点状知识串联起来，增强知识点之间的逻辑性和关联性，对知识进行框架建设的同时对其进行补充和创新，达到碎片化输入、结构化积累、体系化输出的学习效果，弱化学习结果的碎片化影响。[2] 建立完整系统的知识框架的前提是学习者要善于从"取之不尽、用之不竭"的信息库中挖掘出真正有利于学习的知识，从而培养学习者的组织能力、思考能力和学习力。

系统化知识与碎片化知识相结合。碎片化知识实际就是知识从系统化到碎片化，从整体到分散。碎片化知识最大的缺点就是零散，而系统化知识更规则，知识点之间的联系更紧密，但是缺乏碎片化知识的灵活性，二者各有利弊，将碎片

---

① 聂炬．大学生碎片化学习现状及应对策略[J]．中国教育技术装备，2017(20)：23-25．

② 毕玉珊，林玲玉，曹爱萍．基于移动网络环境碎片化学习模式研究[J]．黑龙江科学，2019,10(13)：18-19．

化知识和系统化知识结合起来可以实现碎片化学习的超越和升华。碎片化知识就是"化整为零"，而系统性知识就是"化零为整"，二者的有机结合可以达到"零存整取"的学习效果。智能时代的碎片化学习将达到碎片化与整合化、独立性和整体性的统一，[①] 将不再是直线上升过程，而是螺旋式的上升过程。

碎片化学习要立足于促进学生的个性化发展和全面发展。每个学习者都是独特的生命个体，学习活动应尊重学生个体的差异，充分满足学生的个性化需要，这应该是学习活动的根本出发点。[②] 在进行碎片化学习时，学习者可以自主选择学习内容，实现各知识的融会贯通，促进个性化发展。传统的学校学习以统一的标准要求学生，而忽略了个性化发展。智能时代的碎片化学习既要面向全体学习，又要尊重学生的性格差异和智能差异，立足于促进学习者的个性化发展和全面发展共同发展，要增强知识的趣味性、层次性、实用性，激发学生的学习兴趣。

学校要完善碎片化学习环境，保证碎片化学习在学校的顺利实行。学校对碎片化学习环境的建设和完善是碎片化学习与学校学习相融合的前提条件，学校Wi-Fi 全覆盖是学生在学校随时随地进行碎片化学习的基础。碎片化学习引入课堂，学习活动实现"线上与线下""课内与课外"的结合（如图 10-10 所示），教师通过移动终端开发和扩展课程资源，营造良好的课堂氛围，为课堂注入活力和生命力。学生要正确看待碎片化学习，合理利用手机或电脑随时随地对课堂知识进行预习、联系和巩固复习，综合提升学习力。

碎片化时代的学习也必须立足于"以学习者为中心"的理念。对碎片化学习的超越能使碎片化学习更好地作用于学习者，智能碎片化学习依托碎片化学习媒介，推进探究式、启发式学习，引导学生自我管理、自主学习，开展多元化教育模式变革，[③] 促进学生综合能力的全面发展，为社会的繁荣进步培养全面发展的人才。

碎片化学习应将传统学习模式和智能学习模式结合起来，既保留传统学习模

① 张金兰,周维华. 建构从"碎片化"的分解到"系统化"的还原——成人知识传授的新路径[J]. 中国成人教育,2019(11):8-12.

② 徐越蕾. 为了每一个学生的全面、个性化发展——上海戏剧学院附属高级中学生涯发展教育课程创建与实施[J]. 中小学心理健康教育,2019(06):38-42+45.

③ 孔燕. 碎片化学习在高等教育中的应用策略[J]. 科教导刊(下旬),2019(04):21-22.

式的严谨性，又利用智能学习模式对传统学习模式进行改革和创新，使碎片化学习更高效、便捷。然而，有研究者指出长期的碎片化学习不利于构建完整的知识体系，在碎片化学习下，学习者会根据自己的兴趣爱好选择学习内容，容易导致学习者思维的异化和片面发展。智能时代传统学习模式和智能学习模式的结合，有利于促进传统学习知识和智能新知识的整合，从而激发学习者学习的积极性和主动性，培养发散思维和促进学习者综合素质的全面发展。

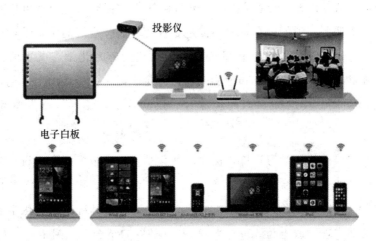

（图片来源：http：//img.wmzhe.com/contents/8f/0e/8f0ea5bcdb347609d6e66e60e3edf4b1/

h00/h00/3c671074a3c1679bba9edd7d3465bcd9.jpg）

图 10-10 移动终端在课堂上的运用

不管你接受与否，智能时代已经悄然到来，碎片化学习作为一种新的学习方式将对人类学习产生重要影响。作为新时代的学习者应该与时俱进，将碎片化学习融入传统学习中，开阔学生的学习视野，构建知识体系，从而提高学习者的整体综合素质。

第十一章

学习型社会：人人都是学习者

学习型社会：当代社会教育发展的主题
概念演变：学习型社会的提出与变化
未来学习生态：构建无界学习环境
普遍共识：全民学习与终身学习
新方法论：智能学习型社会的构建

人类步入智能新时代，知识更新和增长的速度加快，对人的素质提出了更高的要求，个人、组织、社会更加迫切地需要学习。学习型社会是时代发展的价值追求，智能时代学习型社会的构建使学习具有了全民性和终身性，有利于促进教育公平，促进人的全面发展和社会的进步。

一、学习型社会：当代社会教育发展的主题

学习型社会是指通过相应的机制和手段促进全民学习和终身学习的社会。作为当代国际社会教育发展的主题，学习型社会是对传统学习方式的转变和创新，使学习具有了全民性和终身性，实现了学习机会的公平，促进人的全面发展和社会的进步。

"学习型社会"这一概念是美国学者哈钦斯（R. B. Hutchins）在 1968 年首先提出的。20 世纪 70 年代初，联合国教科文组织正式提出了创建"学习型社会"的目标，此后随着各国政治、经济、文化的快速发展，人们对学习的需求增加，学习型社会的观念得到各国的高度重视，许多国家相继开展了学习型社会创建活动。现如今，人类逐渐步入智能新时代，学习者为提高自己在智能时代的竞争力，对学习的需求更加迫切。

学习型社会的基本特征是促进全民不断学习，全民学习和终身学习是它的本质特征，促进人类社会的全面发展是其目的。学习型社会就是让全社会形成全民学习、终身学习的社会氛围。

学习型社会是信息网络化、经济全球化、生活智能化的产物。它要求每一个人都不断学习，不断应对新时代的挑战。学习型社会来源于教育，与教育的联系十分密切，但学习型社会并不仅仅局限于教育的范畴，它也是社会学的一个概念，具有十分丰富的内涵：学习型社会是一种新的社会发展观、新的社会生产方式、新的社会生活方式、新的社会结构模式、新的社会发展战略。

学习型社会将成为智能时代新的教育模式和社会形态，具有创新性、终身性、公平性、开放性、发展性、多样性等几个方面的特征。

学习型社会具有创新性的特征。人类的一切生产活动都离不开学习，社会的进步和国家的繁荣昌盛都有赖于学习的推动作用，而学习的推动作用是通过创新表现出来的。"创新是一个民族的灵魂，是一个国家兴旺发达的不竭动力。"因

此，学习和创新是辩证统一的关系，人类的学习活动离不创新，创新必须以学习为基础。如果离开了学习，创新就是无源之水，无本之木。创新性的学习方法是现代社会学习的必然要求。在现代社会里，由于智能技术的快速发展和知识的不断更新，人类只有不断通过创新性学习，掌握最先进的知识，并且对知识进行创新，才能跟上时代的步伐。创新性学习是推动学习型社会发展和社会进步的重要动力，也是学习型社会的灵魂。

学习型社会具有终身性的特征。终身学习已经成为现代社会的重要特征之一，一个人从出生到死亡，学习将伴随着人的一生，学习成了人生中每一阶段的必需品。在智能社会，人类的知识总量将在现有的基础之上以成倍的数量激增。所以，一个人如果想要在新时代有立足之地，光靠学校的学习是远远不够的，"一次性充电，一辈子放电"的时代已经成为过去式，人生的每一阶段都必须坚持不懈地学习。为了适应时代的发展需要，每一个人都应该树立"活到老，学到老"的终身学习理念。

学习型社会具有公平性的特征。学习型社会为教育公平的实现提供了可能。学习化社会是一个物质发达的社会，能够为社会成员提供充分的学习机会和学习场所，为终身教育、终身学习的进行提供强大的物质保证。[①] 以终身教育为指导思想的学习型社会关注每一个学生的发展，使每一个人的学习欲望都得到满足，为学业公平的实现提供了坚定的思想保证。终身教育体系的建立为智能时代的学习型社会的教育公平提供了制度保证，终身教育体系打破了传统学习的时间和空间的限制，形成了一个更开放、灵活的教育系统，为每一个人提供了平等的教育机会。

学习型社会具有开放性的特征。传统的学习具有严重的封闭性和限制性，人类学习到的知识是有限的，而在智能学习型社会，开放性的学习是学习型社会的本质特征。开放性体现在时间和空间的无边界性上：一方面，学习时间已经不再局限于学校阶段的学习，人生当中的每一阶段都可以进行学习；另一方面，学习空间已经超越了传统的课堂学习空间，学校、家庭、社会都可以进行学习。此外，学习型社会的学习可以根据个人、国家和社会等多方面的需求灵活地进行正

---

① 王伟杰,常波. 我们怎样走进学习化社会——构建学习社会的思考[N]. 中国教育报. 2003-03-05.

规学习或者非正规学习，体现了其灵活性的特征。总之，学习型社会的开放性和灵活性特征使学习的深度和广度得到极大的扩展和延伸，有利于形成全民学习的氛围，促进全民素质的发展。

学习型社会具有发展性的特征。发展性是学习型社会一个重要的特征。唯物辩证法认为，世界上一切事物都处在变化发展之中，世界是发展中的世界。学习型社会也处在不断变化发展之中，学习型社会的学习是不断变化发展的学习。一方面，在信息大爆炸的现代社会，随着人类知识更新频率的加快，人的学习能力和创造能力也处在不断变化发展之中；另一方面，学习是为了更好地实现人的全面发展，从而为社会发展和人类文明进步做贡献。

学习型社会具有多样性的特征。学习型社会的多样性主要体现在学习型社会组织的多样性，主要包括个人组织、团体组织和学习型组织。个人组织指独立的个体作为学习的主体自主进行学习，主要侧重一个人知识和综合素质的提升；团体组织指以团体为学习的主体，注重团队整体能力的提升；学习型组织是个人组织和团体组织的最高形式，是学习型社会形成的初级形态。学习型组织是把社会上各个独立的学习主体连接成一个网络结构的学习整体，促进个人、组织、社会的有机统一。

学习型社会的发展成为各国社会发展的重要目标之一，得到全社会的大力支持与关注。对学习型社会的含义和特征的认识，不仅是目前建设智能学习型社会的一项重要任务，而且更是实现全民学习、终身学习的前提。

二、概念演变：学习型社会的提出与变化

学习型社会的历史还不算悠久，其发展历程源于 20 世纪 60 年代。学习型社会的概念最早是由美国学者哈钦斯（R. B. Hutchins）在 1962 年提出的。他在出版的《学习社会》一书中认为：学习化社会可以理解为一个教育与社会、政治、经济组织（包括家庭单位和公民生活）密切交织的过程，在该社会里，"每

个公民享有在任何情况下都可以取得学习、训练和培养自己的各种手段"。

美国学者爱德华（Edwards）在不同时期对学习型社会的概念给出了不同的界定：1968 年，他认为学习型社会是一个有教养的社会（Educated Society）。20世纪 70 年代中期，他提出学习型社会是一个学习市场（Learning Market）。20世纪 90 年代后，由于信息技术和网络的发展，他提出了学习型社会是一个网络社会（Learning Networks）。

1972 年，联合国教科文组织提出"人要向着学习化社会前进"的目标。联合国教科文组织国际教育发展委员会的报告《学会生存——教育世界的今天和明天》一书中是这样描述学习化社会的："教育已不再是某些杰出人才的特权或某一种特定年龄的规定活动；教育正在日益向着包括整个社会和个人终身的方向发展。""未来的教育必须成为一个协调的整体，在这个整体内社会的一切部门都从结构上统一起来。这种教育将是普遍的和继续的。"①

2001 年，我国领导人在亚太经合组织人力资源能力建设高峰会议上发表讲话时提出"构建终身教育体系，建设学习型社会"的要求。2002 年 11 月 8—14日，中共十六大报告指出"形成全民学习、终身学习的学习型社会，促进人的全面发展"，把"建设学习型社会"作为全面建设小康社会的四大目标之一。20 世纪末 21 世纪初，随着各国科学技术的快速发展，终身学习的观念引起各国的广泛重视。

21 世纪，不少国家把"学习型社会"作为教育发展的目标，并以此来构建教育发展蓝图，使其成为一个世界性的追求。现如今，人类社会正进入智能时代，随着互联网、物联网、人工智能等新兴技术的快速发展，人类知识更新的速度加快。所以，智能时代对学习型社会的要求更加迫切。《北京共识》指出人工智能服务于提供全民终身学习机会，重申终身学习是实现可持续发展目标 4 的指导方针，其中包括正规、非正规和非正式学习。②

学习型社会的演变，与政治、经济金额科技的发展水平等多种因素有关。现

---

① 联合国教科文组织国际教育发展委员会. 学会生存——教育世界的今天和明天[M]. 北京：教育科学出版社. 1972.

② 联合国教育、科学及文化组织. 北京共识——人工智能与教育[M]. 2019.05.16-18.

如今，智能技术在生活各个领域的渗透正在深刻地改变着我们的生活。由于智能技术的发展，学习成为一种持续性的活动和价值取向，学习力成为社会核心竞争力，进一步推进着学习型社会的演变。

学习成为一种持续性的活动。在智能时代，知识更新速度如此之快，人类的学习具有一定的滞后性。据技术预测专家 J. 马丁测算，人类的知识目前每三年就增长一倍。西方白领目前流行这样一条"知识折旧"率：一年不学习，你所拥有的全部知识就会折旧 80%。随着智能时代浪潮的席卷而来，简单扼要的"裂变效应"将会导致知识更新速度日益加快。面对知识的裂变，现代人必须要找准生存和发展之路。人们如果不能适应智能时代的要求，不断地更新和丰富自己的知识结构，就可能成为智能时代下的"功能性文盲"，要排除这种"文盲"性阻碍，只能进行全民学习和终身学习。① 为了使人类学习的速度跟上知识的更新速度，就必须借助智能技术持续不断地学习，以满足智能时代对人类学习的需求。

学习逐渐成为一种价值取向。在传统的观念中，人们认为学习仅仅是为了生存，只要能够获得一份养家糊口的职业，便会停止学习。在智能新时代，智能技术的发展，促进人类文明程度进一步提高，人们逐渐意识到学习不再是一种谋生手段，人们不会因为得到谋生的职业而放弃学习，自我素质的提高和综合能力的发展是人们的追求。因此，在智能时代，学习成为一种自我价值实现的精神层次的追求。

学习力成为社会核心竞争力。在人类进入智能时代之前，人们之间的竞争主要是分数的竞争。在竞争激烈的智能新时代，其竞争优势在于核心竞争力，而核心竞争力的形成取决于一个人的学习能力，也就是说，智能时代更看重的是一个人的学习能力。个体想要在人工智能技术快速发展的智能社会有立足之地，就必须不断学习，提升自己的核心竞争力。

学习型社会是人类进步的共同要求，是人类历史发展的必然趋势。学习型社会在全世界得到广泛响应，其本质特征就是全民学习和终身学习，"全民学习"

① 张春龙."学习型社会"：内涵、背景、特征[J]. 唯实,2017(02):63-66.

是指每个人都是学习者，"终身学习"是指人从出生到死亡的每个阶段都要不断学习。学习型社会的最终目的是促进人的全面发展和社会的繁荣进步。

三、未来学习生态：构建无边界学习环境

在智能新时代，智能技术的广泛使用为人类创造了全新的学习环境，对传统的学习形成了一定的冲击，导致人类的学习发生了较大的变化。学习的泛在化与碎片化成为当代教育和学习的主要特征。人类进入智能时代意味着人类学习也进入了无边界时代，无论是在学习资源、学习领域，还是在学习内容、学习方式等方面都变得无边界了。这就是未来的学习生态，构建无边界学习环境指日可待。

英国教育界首先提出了"无边界学习"这个概念，是指利用一切可用的学习平台，给学生提供一个能够时时学习和处处学习的条件，这种无边界学习打破了传统学习时间和空间的限制，使学习变得没有边界。无边界学习环境是指在智能时代下利用身边一切可利用的学习机会进行学习活动的学习环境。学习环境是学生进行学习活动的物质基础。在智能时代下，打破学生学习的边界成为历史必然，我们应该给学生提供一个智能化的学习环境，使学生获得最佳的学习体验，从而使学习活动达到最佳效果。因此，在未来学习生态下，无边界学习的构建必须确保学生有一个良好的学习环境。

无边界学习作为智能时代发展趋势之一，具有以下四个特征：首先，无边界学习具有主体的主动性特征。主体的主动性是指在学习活动中，学生作为主体，其主体地位被赋予，学生可以根据自己的实际需求选择一切学习活动。其次，无边界学习具有环境的无边性特征。在无边界学习下，学习环境突破了校园围墙和固定时间的限制，环境走向无边界。再次，无边界学习具有方式的多样性特征。在无边界学习环境下，出现了多种新型学习方式，如"人机协作"式学习、MOOC 在线学习等多种学习方式。最后，无边界学习具有过程的社会性特征。所谓过程的社会性是指学生在学习过程中逐渐适应社会并作用于社会的过程。

在现有教育体制的影响下，无边界学习实际就是模糊学习的边界，为学生提供更广阔的学习空间。至于为什么未来学习生态需要构建无边界学习环境，主要是源于时代发展的需要和学习自身的需要。

无边界学习源于时代发展的需要。现如今，人类已经进入以智能技术为特征的智能时代。在这个时代，将出现人类与智能机器人并存的现象，人类和机器人的并存是智能技术高度发展的集合体，是人机优势的融合。在这种情况下，人机如何更好地实现共存成为人类面临的首要问题，而学习是解决这个问题的最佳方法。因此，在人机深度融合的世界里，学习必须顺应时代的发展需要，让整个世界都成为学生的教室。

无边界学习源于学习自身的需要。学习是随着社会生产力和生产关系的变化而不断变化发展的。在原始社会里，人类的学习本是无边界的。到了工业时代，机器大生产对人类的学习提出了新的要求，开始出现了分科课程。随着人类进入智能时代，人类随时随地进行学习的学习方式打破了传统固定时间和固定地点的学习方式，使泛在学习和碎片化学习成为普遍现象，知识跨时空和跨领域的融合成了智能时代的重要特征。无边界学习不再是以传统的识记和机械学习为主，而是更加注重培养学生的创造力和创新力。

无边界学习环境的构建符合历史发展趋势。随着人类无边界学习意识的逐渐加强，无边界学习已经渗透到人类生活和学习的方方面面，未来学习生态的蓝图逐渐呈现在人类面前。具体来说，无边界学习主要体现在以下几个方面。

在学习方式上，无边界的学习方式将突破传统的"传递-接受式"教学方式，实现学习方式的灵活化、多样化。无边界学习的学习方式将实现线上和线下、理论和实践、虚拟和现实多方面的结合，让学生能够进行情景创新、实践体验和交流共享的深度学习。探究式的无边界学习方式将成为主流学习方式，通过提出问题、分析问题和解决问题，让学生综合运用各学科知识，培养学生分析问题、解决问题能力以及创新能力。

在学习资源上，无边界学习的学习资源不再局限于学校的教材，而是扩大到家庭、社会的方方面面。通过运用智能技术，能够将学校、家庭和社会的学习资源连接成一个整体，从而为学生提供一个无边界的学习资源。无边界的学习资源使学生获取知识更加便捷，从而扩大学生的知识面。

在学习时间和空间上，无边界学习突破了传统的固定学习时间和空间的限制，更加灵活和方便。智能技术在每一个领域的广泛运用，为人类随时随地的学习提供了可能。学习时间和空间的无边界打破了学校固定时间和地点的边界，使整个社会成了学校和课堂，学校和课堂也成了社会不可分割的一部分。

在学习内容上，无边界的学习内容能够真正实现因材施教，而不再以统一的学习内容进行传授。每个学生都存在智力差异和性格差异，无边界的学习内容能够使学生根据自己的兴趣爱好和思维方式选择自己感兴趣的学习内容，形成自己独特的知识结构。满足学生的个性化差异，构建个性化知识体系，是智能社会无边界学习的重要内容之一。

智能时代对学生学习的要求与智能社会发展的总体趋势相适应，所以无边界学习环境的构建要着眼于学生的全面、可持续发展，立志于为社会培养适应智能时代需要的具有竞争力的高素质人才。这对学生的素质提升来说具有非常重要的价值和意义，具体表现在以下几个方面。

有利于促进学生个性化自主学习。在无边界的学习环境中，"教与学"的权威专制型师生关系已经成为过去式，"导与学"的民主平等型师生关系成为普遍现象。在学习过程中，教师扮演着指导者的角色，学生以自主学习为主，通过学生的自学、互学等多种方式获取知识。学生的个性化自主学习能够培养学生自主学习的意识，提高自主学习的能力。

有利于扩展学生学习的宽度和深度。学校所有课程的设置以促进学生的发展为目标，专注于学生素质的提升，但其宽度和深度有一定的限制。无边界学习环境的构建，将学校课程扩展到社会知识，将理论知识应用到社会的各个领域，扩展学生学习的宽度和深度。

有利于打破时空限制，为学习注入活力。人类的学习不应该限定于学校的课堂学习，家庭和社会的学习也是人类学习的重要组成部分。因此，突破学校课堂学习时间和地域的限制，更好地实现学校、家庭和社会的整合，从而推动学习的无边界发展。学校、家庭和社会都应该合理运用一切可利用的学习资源，为学习注入活力和生命力。

此外，构建无边界学习环境，还有利于突破原有的定势，实现教师培养无边界；有利于打破常规管理，形成民主、开放的管理模式；有利于实现实体教育和虚拟教育的结合。无边界学习就像大海，能够让学生们在里面尽情地畅游。

两千多年前，我国教育家孔子就提出了"知无涯"的教育理论。"知"即学习，"无涯"就是无边界的意思。陶行知提出"生活即教育，社会即学校，教学做合一"的教育理论，他提倡把教育和学校放到生活和社会中去，放大了教育和学校的边界。孔子和陶行知的教育理论皆是对今天无边界学习最好的诠释。无边界学习环境的构建和未来学习生态的实现也并非一朝一夕，需要每个人持续地积极参与。

四、普遍共识：全民学习与终身学习

学习型社会是通过相应的机制和手段促进全民学习和终身学习的社会。学习型社会观念已深入人心，成为全民学习和终身学习不可分割的社会思潮。自"学习型社会"目标提出以来，经过国家宏观政策的引导和各级组织机构的不断改革、创新等多方面努力，全民学习、终身学习已成为普遍共识。

20 世纪 20 年代，耶克斯里最早提出"终身教育"这一名词。1965 年，法国教育家保罗·伦格兰在联合国教科文组织召开的国际成人教育促进委员会上做了关于终身教育的报告，他指出："教育并非终止于儿童期和青年期，它应伴随人的一生而持续地进行。"这一理念得到联合国教科文组织的高度认可，1972 年《学会生存——教育世界的今天和明天》这本书出版后，终身教育逐渐出现并受到各国的重视，[①] 并强调"需要终身学习去建立一个不断演进的知识体系——学会生存"。[②] 此后，终身教育理念得到广泛响应。终身学习作为新时代不断追求的一种新型学习方式和价值取向，受到各国的高度重视。终身学习从传入我国到

① 赵世平. 终身学习理论的历史发展[J]. 中国成人教育. 1999(8):16-17.
② 贡咏梅. 终身教育、终身学习、学习社会理念之辨析[J]. 教育探索. 2006(11):60-61.

全民学习、终身学习成为社会的普遍共识，经历了萌芽、确立、发展和完善四个阶段。

萌芽阶段（1980—1997 年）。1980 年 8 月教育部颁布了《关于进一步加强中小学教师培训工作的意见》，该《意见》指出"教师进修院校承担着中小学在职教师终身教育的责任。"1995 年，《教育法》中出现的终身教育，使其政策地位得以确立。1997 年国家教委颁布的《关于当前积极推进中小学实施素质教育的若干意见》中，两次出现"终身学习"，重点强调"要为学生获得终身学习的能力打好基础"。[①] 1980—1997 年是终身学习的萌芽阶段，这一阶段，终身学习引入我国并出现在相关政策中。

确立阶段（1988—2001 年）。终身学习在相关政策中出现后，接着在各种文件、政策以及学习中使用频率越来越高，随后终身学习逐渐发展成为终身学习体系，如 1998 年颁布的《面向 21 世纪中等师范教育改革的几点意见》、1999 年《教育部 1999 年工作重点》和 1999 年《办好教育电视节目》等文件都多次出现"终身学习体系"。1998—2001 年终身学习体系的出现标志着终身学习的确立。

发展阶段（2002—2011 年）。2002 年，中共十六大报告提出"形成全民学习、终身学习的学习型社会，促进人的全面发展。"把"建设学习型社会"作为全面建设小康社会的四大目标之一。党的十七大提出"发展远程教育和继续教育，建设全民学习、终身学习的学习型社会"的战略目标。此外，还有相关文件和政策都有强调终身学习理念，如 2003 年发布的《关于进一步加强高等教育自学考试工作若干问题的意见》《关于进一步加强人才工作的决定》以及 2004 年发布的《关于开展全国"创建学习型组织，争做知识型职工"活动的实施意见》等都有强调终身学习理念。这一阶段出现的相关政策文件都有利于促进终身学习的发展和实现。

完善阶段（2012 年至今）。2012 年至今是全民学习、终身学习的完善阶段。一方面，终身学习政策在十八大、十九大的召开下和各种文件的颁布下实现深度发展和进一步完善。例如，党的十八大提出"完善终身教育体系，建设学习型社

---

① 国家教委. 关于当前积极推进中小学实施素质教育的若干意见. 1997.

会"的目标与要求，"加快建设学习型社会"在十九大报告中得到强调，《国家中长期教育改革和发展规划纲要（2010—2020年）》提出"到2020年初步形成基本的学习型社会"[①]这一目标，以及《国家教育事业发展十二五规划》（2012）、《关于推进学习型城市建设的意见》（2014）、《十三五规划建议》（2015）等相关政策文件使终身学习政策更加深化。此外，2015年，习近平总书记明确了建设"人人皆学、处处能学、时时可学"学习型社会的教育中国梦，实际上从学习主体、学习空间和时间三个维度提出了学习型社会的要求。另一方面，人类已经步入智能时代，我们要善于运用人工智能技术促进终身学习体系的完善。2019年5月16—18日，联合国教科文组织发布的《北京共识》指出"采用人工智能平台和基于数据的学习分析等关键技术构建可支持人人皆学、处处能学、时时可学的综合性终身学习体系，同时尊重学习者的能动性。开发人工智能在促进灵活的终身学习途径以及学习结果积累、承认、认证和转移方面的潜力。"[②]智能时代，一系列政策的发布促使全民学习、终身学习进一步完善。

总之，从"终身学习"这一名词的提出，到"终身学习理念"的提出，再到"终身学习体系"的建立经历了萌芽、确立、发展和完善阶段。这些发展阶段扩宽了人类学习渠道，帮助人类树立终身学习意识，从而满足他们的终身学习需求，使整个社会形成了全民终身学习的氛围，全民学习、终身学习成为普遍共识。

五、新方法论：智能学习型社会的构建

随着科学技术的快速发展，建设学习型社会已成为世界各国教育改革和发展的客观趋势和必然选择。尤其是在智能时代到来以后，在人类社会从工业经济向数字经济和智能经济转变的大背景下，传统的教育已经不能适应人类的变革和发

---

① 高向杰．日本终身学习质量保障机制研究及启示［J］．中国电化教育．2017(7):47-52.
② 联合国教育、科学及文化组织．北京共识——人工智能与教育［M］．2019.5.16-18.

展需要。因此，建构智能时代的学习型社会显得至关重要。

智能时代学习社会的建立，使人类越来越多的借助人工智能机器去认识世界、改造世界，使学习型社会更加智能化、普及化。智能时代的学习型社会对能够提高国际竞争力、社会和谐发展以及个人发展具有重要意义。

智能学习型社会的构建是稳定国家地位、提高国际竞争力的战略选择。在这个时代，随着知识爆炸与科技的迅速发展，科学技术在整个发展中显得尤为重要。创新成为经济和社会发展最重要的动力。创新能力也成为各国在当代综合国力激烈竞争中形成核心竞争能力的第一资源，建构智能时代的学习型社会，仅在教育背景上就占据了很大的优势。智能时代既能作为学习工具、学习环境，又能作为学习伙伴，并会在不断地学习中，由网络时代的学习工具，向网络时代的学习环境以及智能时代的学习伙伴转变了。人类与智能机器的关系会逐渐合二为一，结合为一体，由"它者"变为"自身"。中国的国家地位会越来越高，国际竞争力也会不断提高。

智能学习型社会的构建是促进社会和谐发展的关键。社会的和谐发展是实现国家富强、民族复兴的关键，一个国家的发展不仅仅是由发达的经济基础决定的，社会的和谐发展也发挥着很重要的作用。当我们处在一个智能时代的学习型社会，不仅不会被这个时代抛弃，还会因为人类的智能学习模式，促进社会的和谐发展。

智能学习型社会的构建是个人发展的必然要求。物竞天择，适者生存。处在发展如此迅速的智能时代，信息、科学技术在不断地更新换代，人类要想在社会上立足，就必须要不断地学习进步，要通过学习来适应智能化的时代，才能不被时代抛弃。因此建构智能时代的学习型社会，是人类发展的必然要求。

学习型社会的构建在其发展过程中取得一定的进步，但由于智能技术的冲击，也面临着一定的挑战。学习型社会的构建需要国家、学校和个人等主体在智能技术辅助下的共同努力，推动人类学习的可持续发展，构建智能学习型社会。学习型社会不是自动形成的，它要求人类有意识的构建。构建智能学习型社会是时代的产物，是智能时代对人类发展进步的客观要求，是历史发展的必然趋势。

习近平总书记强调："始终把教育摆在优先发展的战略位置，不断扩大投入，努力发展全民教育、终身教育，建设学习型社会，努力让每个孩子享有受教育的机会，努力让 14 亿人民享有更好更公平的教育，获得发展自身、奉献社会、造福人民的能力。"党的十九届四中全会提出，构建服务全民终身学习的教育体系。随着人类进入智能时代，人类获取知识的速度跟不上知识的更新速度，因此，对学习的需求更加迫切，智能时代学习型社会的构建能够为人类提供一个全民终身学习体系，为全民的终身学习提供一个保障。

智能学习型社会的全民终身学习的学习体系，要坚持教育为人民服务、为社会主义服务的宗旨，以凝聚人心、完善人格、开发人力、培育人才、造福人民作为教育工作的目标，保障人人享有受教育的机会，实现让教育发展成果更多更公平地惠及全体人民；搭建以学习者为导向的资源共享平台，建立覆盖各类人群、方式灵活的终身学习服务体系；构建衔接沟通各级各类教育、认可多种学习成果的终身学习"立交桥"，提供多次选择机会，满足个人多样化的学习和发展需要。①

在网络和智能技术的高速发展之下，人类的生活和学习也要做出相应的改变，才能适应这一大环境。在智能时代学习型社会中，人与智能合作更加重要，如人-机合作，人-网合作。智能时代的学习型社会是当下社会发展和进步的产物，它对学习的要求比以往任何时候都更强烈、更持久、更全面，全社会只有不断地学习，才能应对新的挑战。

在智能时代学习型社会的基础上，还要努力建设智能时代的学习型家庭、学习型企业、学习型城市等。在智能时代的学习型社会中，人类在全民学习和终身学习的基础上，又多了一项新的技能——合作学习。

智能学习型社会的构建与时代的前进和科技的发展有着密不可分的联系。随着时代的演进，新一代信息技术得到了飞速发展，人类生产生活方式也发生了系统性的变革，过去主要为职业做准备的知识传授和技能教育已经不能适应和满足这个高度信息化、智能化、个性化的时代。所以，智能学习型社会的构建符合历

---

① 籍献平．构建终身学习体系 加快建设学习型社会[N]．河北日报,2019-11-08(007).

史发展趋势，以及具备了一定的物质条件，构建智能学习型社会成为当下的重要任务。

构建智能学习型社会，一方面是应时代之变，也是为了能够在时代滚滚向前的浪潮中与时俱进，在国际社会中保持立足点；同时也是服务于我国经济社会转型、促进社会和谐、推进社会主义现代化强国建设等的要求，更是促进个人全面发展的需要。另一方面，智能时代为智能学习型社会的构建奠定了重要物质基础。互联网的出现不仅为学习型社会的构建创造了媒体条件，还丰富了人类受教育的模式。在传统教育模式中，人们学习的主要形式就是教师传授知识，而在信息网络技术高度发达的今天，除了常规课堂学习之外，人们还可以通过网络接受远程教育，通过网上资源共享进行自主学习。这样的教育远远超越了传统教育的范畴和形态，扩展到了社会各领域、家庭、生活和工作的一切场所，从而满足了学习型社会"任何人、任何时间、任何地方都可学"的需求。

学习型社会的建构一直是社会发展的关注点。在实践中，对于如何构建智能学习型社会，要从国家、学校和个人层面入手。

（一）从国家层面

国家通过相关政策，大力发展智能机器。智能机器的发展越来越迅速，在某些方面甚至比人类还要厉害。例如，学习能力，智能机器中有一种学习方式叫人工神经元网络，即建构一个类似于人类神经元网络的电子线路，让智能机器人能够基于多种网络电子线路进行学习。其优势在于人工的神经元网络比人类的神经元网络的传输速度要快得多，而且不易受外界干扰。此外，智能机器人的信息处理速度比人类大脑快，存储、记忆、处理的信息量更大。因此，智能机器的使用使我们的生活更加便利、快捷，构建智能时代的学习型社会也是非常关键的。"事实上，从网络诞生之日起，人类的学习已逐渐从单纯的人类自身学习，走向人-机合作式学习。网络时代，人-机合作学习主要是人-网合作学习，智能时代则更多地演变成人-智能机器合作学习，最后有可能发展为人-智能机器一体式学习。"① 当人机合作时，既有人的参与，又有智能机器的参与，这一合作将会大大提高学习的深度与广度。

国家加强立法，为学习型社会建设提供法律保障。以政策法规的形式规范和促进学习型社会与终身教育体系建设是国际上很多发达国家的成功经验。虽然我国关于学习型社会和终身教育方面的立法呼声一直很高，但据统计，迄今为止，我国仍然只有少部分省份城市颁布了地方学习型社会和终身教育法规政策。为此，我国首先应该从法律层面启动立法程序、出台相关意见，加强立法，将学习型社会的构建变成全民的意志，落实成为全民行动。只有这样，将学习型社会的建设上升到法律层面，才能更好地提高全民的参与意识和重视程度，利于学习型社会的构建。

国家要大力提倡利用现代智能网络技术开展远程教育。在智能技术高度发达的智能时代，网络的普及是其显著的特征。这个时代为学习型社会的建设创造了便利条件。运用网络技术与环境开展教育即远程教育，也称网络教育，为广大社会成员提供了不受年龄、身份、地域等限制就能随时随地继续学习的机会。充分利用现代信息网络技术开展远程教育，可以实现"全民可学""终身可学"，是学习型社会构建的一个有效途径。

（二）从学校层面

以学校教育体系为基础，培养新时代学习者。学校教育是学习型社会建设的核心和基础。培养新时代具有较强综合学习能力和高度学习自觉性的学习者是建成学习型社会最重要的因素，而学校教育在人的培养过程中起着决定性的作用。因而，以学校教育体系为基础培养有较强学习能力和自觉性的新时代学习者，对于学习型社会的构建起着至关重要的作用。学校教育应以终身教育理念为指导，利用现代信息技术手段，从教育内容、教育模式、教育方式与方法等方面进行变

---

① 王竹立. 论智能时代的人-机合作式学习[J]. 电化教育研究，2019(09)：1-9.

革，丰富学校教育的内容和形式，不断创新教学方法等以适应新时代学生学习的需要，从而为学习型社会的构建储备人力资源。

抓住机遇，结合智能技术，办好继续教育，加快学习型社会的建设。党的十九大报告指出：办好继续教育，加快学习型社会建设，提高国民整体素质。继续教育是面向学校教育之后的所有社会成员的教育活动，是对学校教育的补充和完善，是终身教育体系的重要组成部分，对于提高我国整体国民素质、实现社会主义现代化强国目标、满足人民日益增长的学习需要具有重要意义。面临时代赋予的任务，各级政府、教育行政部门和继续教育机构、学校等要抓住时代机遇，完善相应教育制度和考核机制，为广大社会成员继续学习提供更多机会、营造良好社会环境。其中，最关键的是找准继续教育目前存在的一些问题，深化学习体制改革，提高继续教育的质量和效益。

学校开设有关最新的智能技术的课程，将移动互联网引入生活。人类现有的生活已经与互联网有很密切的关系了，但是对于一些新的智能技术，还是没有全面学习应用。因此，将移动互联网引入生活，让人类无时无刻不与智能接触，让彼此的关系更加熟悉自然，那么离智能时代的学习型社会也就更近了。通过学校或者网络课程开设有关的智能技术课程是建构智能时代的基本途径，通过课程的免费开放，让人类对科学技术的了解更加的透彻。

（三）从个人层面

学习者应以终身学习为导向，树立终身学习理念。智能时代的学习型社会倡导以全民学习和终身学习为导向，这就要求学习者树立终身学习理念，明确学习是人类一生持续不断的活动和不断追求的价值取向，而不应该把学习界定为学校教育这个阶段。

学习者应借助智能技术，促进学习方式的变革和创新。智能学习成为智能时代最显著的新型学习模式。随着智能技术的普及和运用，出现了以智能媒介为基础的多种新型学习方式，如移动学习、碎片化学习、智慧学习等，这些为智能时代学习者的学习提供了多样化的学习渠道。由于时代和技术等因素的限制，传统的学习方式已经不能适应智能新时代对学习者的需求，因此，学习者应利用手机、电脑、多媒体等多种智能终端对传统的学习方式进行变革和创新。智能时代的学习方式，打破了传统学习时空的限制，使学习者的学习更具人性化、灵活化。

学习者要注重综合素质的全面发展，创新能力的培养和提高。面对严峻的国际形势，要实现中华民族伟大复兴，增强国际竞争力和综合国力，我国更需要高素质的创新型人才，因此国家应加大对青年人才的培养力度。2014 年 6 月，习近平总书记在中国科学院第十七次院士大会、中国工程院第十二次院士大会上提出，希望广大院士肩负起培养青年科技人才的责任，甘为人梯，言传身教，慧眼识才，不断发现、培养、举荐人才，为拔尖创新人才脱颖而出铺路搭桥。广大青年科技人才要树立科学精神、培养创新思维、挖掘创新潜能、提高创新能力，在继承前人的基础上不断超越。2013 年 7 月，习近平到中国科学院考察工作时强调，要最大限度调动科技人才创新积极性，尊重科技人才创新自主权，大力营造勇于创新、鼓励成功、宽容失败的社会氛围。[①]

作为新时代的学习者，要注重综合素质的全面发展和创新能力的培养和提高，自觉为学习型社会的构建奉献一丝力量。注重学习者片面发展和考试能力的学习时代已经成为过去式，在智能新时代，更加注重学习者综合素质的全面发展和创新能力的培养和提高，学习者如果不紧跟着时代的步伐，必将被时代所淘汰。

总之，国家、学校和个人等各主体应结合时代特征，通力合作，将智能学习型社会的构建从宏观层次落实到微观层次，从法律的高度落到全民行动，逐步实现"全民学习、终身学习"的智能学习型社会。

---

① 李俊鹏．习近平新时代人才观对科研院所创新人才培养工作的启示[J]．经济师，2019(11)：185-186＋188.

附录一

学习的革命:大数据与求知的新路径

摘　要：大数据对学习的影响是革命性的，导致了学习方式个性化、学习资源海量化、学习思维新型化、学习过程可记录和学习活动协作化，同时也产生了新的问题：数据冰冷，情感缺失；资源冗杂，效率背离；数据蛰伏，思维错觉；技术依赖，记忆失能。探索大数据时代求知的新路径，就要保持头脑之理性，实现学习方式之更新，转变教育之心理，完善评价之多元，实现学习文化之革新，从而建构基于大数据的学习综合生态系统。

关键词：大数据；学习；教育

学习贯穿于人类社会的始终，但在不同的时代具有非常不同的形式，并因而具有非常不同的内涵。从封建时代平民受制于等级森严、空间闭塞、愚民压制的私塾式学习模式到工业时代依靠"铁"的纪律运行、生产流水线管理、标准批量化来实现其高效性所构建的工厂式学习模式，再到基于物联网、云计算等新一代信息技术催生下的数据支撑的科学式、智能化的个性化学习模式，学习的内涵在不断扩大，学习的新态势日益凸显。如今，大数据正在撼动着世界的方方面面[1]，以其无所不在、无孔不入、无坚不摧的方式渗透于社会和教育的各个方面，贯穿于人类从咿呀学语到获取知识、领悟智慧的人生始终，更孕育了千禧一代、数字土著民等新新学习主体，其浪潮也必将推动人类一场脱胎换骨的学习革命。而大数据热潮引发学习新态势的同时也产生了一系列新的问题。因此，有必要分析大数据时代学习的新态势与新问题，探讨大数据场景下优化与创新学习的新路径，使大数据更好地为教育与学习服务。

一、大数据时代学习的新态势

(一) 学习方式个性化

新一代信息技术所催生出的最显著的变化便是人类社会的数据化，而学习数据化正推动着学习个性化的发展，其逐步突破传统教育的体制障碍、观念束缚与思维惯性。同时，在移动互联网和物联网等技术的助力下，数据绚烂地穿梭于人们相互沟通与交流的过程之中，将人类史无前例地连接在一起，新的学习环境与学习习惯正逐步形成，人类的学习能力正不断增强。信息交互所产生的大量数据也得以可量化、精准性地分析，学习正得到系统性、科学性和个性化的改进，变得更具效率、更为泛在、更显个性。

大数据时代大大增强了人类自由选择自主学习方式的可能性，并有机会去挖掘潜能以弥补自身的缺陷，增强自身的学习能力。大数据与传统数据相比，有着非结构化、分布式、数据量巨大、数据分析由专家层变化为用户层、大量采用可视化展现方法等特点，这些特点正好适应了个性化和人性化的学习变化[2]。正如Facebook 创始人马克·扎克伯格认为，个性化学习是目前许多教育困境的答案。在大数据下挖掘每个学生的个性和天赋，尊重并且着眼于学生自身发展，作为新的机会点发挥每个人的潜能、优势基因，来实现人生真正的价值和个性，这正在演化为大数据时代人类竞赛中得以生存的重要方式。如今，日益膨胀的学习人数、更广泛的学习群体、多样化的知识需求、指数级增长的数据正使学习与数据的联系愈发密切，基于数据开放、数据共享、数据可分析、可量化以满足个性化学习体验、提升教育质量的混合式学习设计、学习测量、自适应学习技术、移动学习、物联网、下一代学习管理系统、人工智能、自然用户界面等成为 2017 年地平线报告（高等教育版）采纳技术的新兴技术行列[3]。

基于大数据支撑下的个性化学习正成为学习的新常态。在政策层面上，中国在 2017 年教育工作总体要求中提出要"构建网络化、数字化、个性化、终身化的教育体系";在实际操作层面上,美国 K-12 教育中以"深度个性化学习"为核心的 Altshool,便是充分运用基于数据捕获和分析以量化学生各项指标的个性化任务清单(Playlist)以及追踪"任务清单"的数字平台 My AltSchool 等工具来确定学生教学内容及教学进度,从而为学生提供最符合其个性与需求的学习方式。

(二)学习资源海量化

大数据时代快速发展的信息生态、不断缩减的知识半衰期[4]以及万物互联等基本社会环境孕育着生生不息的学习资源,新知识以爆炸性的指数型生成,信息不断拓展,知识边界不断延伸,学习资源呈现海量化特征。

过去,由于技术及人类大脑的储存容量受限,学生获取知识的信息源主要是教师与教材,信息更新缓慢。如今,云计算、物联网、可穿戴技术、大数据、互联网等技术深深植根于社会并不断重塑着教育,用于创建海量化、多形式、智能化的学习资源。第一,基于互联网的数字学习资源可以实现迭代改进的快速循环。免费、便捷、可捕捉、可量化、可传递的数据资源由占有变为分享;资源享有者、消费者、生产者的角色日益重叠;基于学科知识、教学活动、海量优质学习资源相整合的网络课程正动态地持续生成且可以立即改进并发布在互联网上。第二,数字技术更吸引了来自其他行业的新人才,也激发了数字学习资源的生产。许多教师和越来越多的学校正在利用这些资源扩大学习,补充或替代印刷版材料,而数字学习计划在世界各地也在火热开展。例如,台湾地区教育部门预计教师和学生可在 2017 年在校园内使用宽带网络,学生不仅可以随时使用不同类型的数字设备进行在线学习,而且可通过在云设备上获得数字学习资源来进行无处不在的学习。[5]第三,越来越多的可用性和先进的数字化学习系统的采用改变了学习资源的性质和发展,学习资源的展现覆盖了云平台、可视化、个性化过滤、模拟、游戏、互动、智能辅导、协作、评估和反馈等多种形式。可见,学习者在海量资源的助力下达到之前难以媲美的学习进程和学习体验,极大提高了学习效率与学习水平。

(三) 学习思维新型化

在触手可及的智能终端、随时随地的学习空间、无处不在的学习数据的作用下，新一代学习主体的"母语"正转变为以电脑、手机和互联网等新信息载体显示的数字语言，其大脑结构也随之改变，具体展现为其学习思维正展现出非线性、多回路、关联性、跨界性的特征。

过去，有限的教学资源、相对闭塞的信息、按部就班的教育方式造就了学生线性的学习思维；如今，"数字土著民"成为新一代的学习主体，电脑游戏、电子邮件、互联网、手机和即时通信都是他们生活中不可或缺的组成部分，面临着与传统学习截然不同的学习数据化与网络化的重大挑战。学习者正日益以互联网思维来获取与评估信息，这尤其是对于学生来说至关重要。[6]其处理数字信息的心理倾向主要表现为：对以数字形式呈现出的信息敏感性急剧减弱，习惯于快速地接收信息，热衷于并行处理和多任务工作，如随机访问（如超链接搜索）等，偏爱从图片而不是文本获取信息，在即时满足和频繁奖励中成长，喜欢游戏胜于"严肃"的学习方式等。[7]舍恩伯格指出，大数据是人们获得新的认知、创造新的价值的源泉。[8]因此，作为承载信息、知识和智慧的大数据随着文明进程的发展和扩大正全方位地影响着人类，人们在学习、数据与信息中不断地寻求契合点，以进行有效的融合，构建适合自我的学习路径与学习方法。

(四) 学习过程可记录

传统的大班制教学活动受制于人工处理能力以及技术条件的束缚，难以对学生的学习过程产生可分析的数据。大数据时代，个人学习路径不仅可以完整地被捕获而且将伴随学生的整个生命周期，并使大数据驱动的教育决策得到及时且科学的反馈与发展。

数据化、可视化的学习过程正推动科学决策、成就跟踪与终身学习的发展。大数据在教育领域的运用在 20 世纪 80 年代至 90 年代尚处于起步阶段。而在 20 世纪 90 年代至 21 世纪初期，在线学习蔚然成风，数以百万计的学生参加在线学习课程，改变了教师教学和学生学习的方式。这种现象开辟了收集和处理学生数据和课程活动的新方法和渠道。在大数据场景中，课程中每个学生的入学课程评估、讨论板输入、博客入门或维基活动等都可以立即记录并添加到数据库中。此外，这些数据将按照学习的方式实时或接近实时收集，然后基于分析软件以数据驱动教育决策。[9]美国新媒体联盟 2015 年《地平线报告》中提到，记录学生完整的学习路径以改善学习，可用于在学习社区内建立和形成身份和声誉并可作为工作和大学申请的凭证——数字徽章在未来五至六年内可能成为主流的新兴教育技术。可见，大数据分析工具正不断进步与发展，时刻采集与分析学生的学习状态、学习强项与弱项、学习进度等数据，并以可视化方式进行呈现，使学习过程得到数据化地采集。

（五）学习活动协作化

世界扁平、信息爆炸、阶层淡化、社交便捷的大数据时代拓展着日益广泛的学习共同体。建构主义学习理论认为，知识是孩子通过与他人的社会互动和协作来构建的，而不是简单地吸收教师的知识灌输。[10]协作为大众在纷繁的数据中获取信息、产生智慧提供了捷径，正成为在大数据环境下实现全面发展、终身学习的独特力量。

伴随数据开放、信息易得、个人闲暇增多的智能化时代，聚集不再受限，社会化探究学习成为可能，协作式学习生态正推动着学习浪潮的发展与精神探索的深入。越来越多的合作式学习研究证明，当孩子们协作学习时，他们分享着建构想法的过程，并在协作中相互激励、努力创造、深刻反思与协同解决问题。[11]印度教育学家苏伽特·米特拉经过一系列的实验，发现协作的孩子几乎可以自学任何东西，如 1999 年苏伽特·米特拉和他的同事在印度新德里接壤的一个贫民窟里安装了一台互联网连接的电脑，并将其留在那里（带有隐藏的相机）。不久，贫民窟的孩子们仅仅依靠互助式学习来学习电脑，已经能够在电脑上学习英语并且通过各种各样的网站搜索科学问题。他还创建了自主学习环境（SOLE）——教育者作为调解员鼓励孩子们以社区为单位用互联网探寻问题与"自组织的调解环境"（SOME）——世界各地的退休老师已经自愿通过 Skype（免费的互联网视频会议系统）每周投入一小时来参与助力孩子学习的小组工作。[12]

当然,协作中在注重共享、互动、反思与参与价值的同时,更要保持自我的独特性,在群体中凸显自身的价值。因为当技术介入之后,学习者唯有在更大的社群里重新寻找独立的价值,在这份价值与信念上,才能拥抱更大的社群。[13]

二、大数据时代学习的新问题

(一) 数据冰冷,情感缺失

目前,大数据之于个性化学习更多的是依靠算法来实现的,同时也面临着无法预测人类的情感态度、价值观念、直觉灵感等人类主观能动性的问题,使个性化学习陷入程序化禁锢的危机。

大数据时代的预测精准度与个性化程度正向着"无法驳斥"的方向发展,个性化学习正基于大数据预测的以机器算法为基础进行操作改善与实时推进的。[14] Google 的围棋计算机 AlphaGo 便是通过基于大数据的智能算法。然而,学生终究不是机器,学生除了具备知识的需求,更多的是情感需求。传统的教育强调师生、生生面对面交流与学习,教师在教学中具有榜样示范的作用,具备绝对的权威与尊严;学生在传统学习中能获得精神满足式的激励效果,与他人进行意识相遇式的情感表达与精神交流。

因此,伴随大数据发展的个性化学习若是忽视人的元素,不注重学习基础设施建设,漠视"人件",将导致大数据学习的热处理、温导入与冷输出与大数据同行的学习者可能将成为情感缺失的学习机器,不利于自身与社会的发展。

(二) 资源冗杂,效率背离

流动性与可获取性使数据正变得更多、更杂。巨浪般奔涌而来的学习资源,一方面正颠覆传统的学习方式,提高学习的个性化;另一方面,大数据的混杂性与不精确性更挑战着学习者的学习与认知能力,易导致效率背离的问题。

学习资源冗杂易导致信息过载，产生认知超负荷问题。首先，以几何级数传播的资源通过打破时空阻隔、物质匮乏与学习资源分配不均使获取学习资源已不再成为学习者自我增值的障碍，然而由于大数据具有大量与价值密度低的特征，信息过载或资源迷航随着大规模开放在线课程（MOOC）的崛起不断影响着学习的质量与效率。其次，尽管互联网上随时可获得的数字学习资源为教育工作者提供了更多的选择，但证据表明，所选择的学习资源对于学生的学习有很大的影响。然而，对大多数学习资源的有效性几乎没有研究。[15]最后，在《智能时代》一书中作者提出大数据还具有多维度、全面性与革命性的特征。[16]而与此对应的时空、数据、信息与知识也展现出了多维度、碎片化、虚拟性与易变性的特点，这必定对学习者的认知产生一定的挑战。当今的一个大趋势是传统的面对面讲台教学转化为占有一定比例的线上时间与线下辅导相结合的混合学习模式，如果新的在线虚拟学习环境未能仔细设计，在学习新的内容或技能时，由于长期记忆的缺乏，可能会导致学习者的工作记忆力有限（超载），进而产生学生认知超负荷问题，学生便会陷入混乱状态，并产生孤独感与焦虑感，存在低动力和高辍学率的风险。[17]

（三）数据蛰伏，思维错觉

数字技术冲击着人们的遗忘权与删除权，人类判断的固有模式日渐重塑。大数据成为教育者视为决策的工具和衡量学生优劣的标尺，而删除权的丧失正束缚着学生自我进步与成长，最终会加剧教育者思维判断的失误，使其产生思维错觉。

未来评估者回顾过时的个人数据将使其潜意识受制于旧数据，最终产生固化、片面及不公正的判断。人类身处数据化的圆形监狱中，个人行为被数据化、被凝视、被共享、被记忆以及被同化。"大数据时代，人类的记忆与遗忘的原有平衡已被反转，记忆变成常态，而遗忘却成了例外，大数据记忆正威胁着人类的思维能力、决策能力、应变能力和学习能力。"[18]如今，以个性化定制为目标的学习分析软件与学习系统正不间断地采集个体在学习生活中产生的大量数据，其作为大数据在教育中的基本组成部分可以通过预测模型来检查有风险的学生，并提供适当的干预，然而学习分析也存在着巨大的不确定性、可访问性与缺乏可视化的指标。担任由孟加拉裔美国人萨尔曼·可汗创立的世界级教育平台——可汗学院的"数据分析主管"的贾斯·科梅尔提到,"为了提升平均准确度并让学习曲线的末端显示更出色,我们可以在早期打击那些能力较弱的学习者,并怂恿他们中途放弃。"[19]可见,学生身负着整个学校教育生涯中的实际行为数据,学习过程正被前所未有地量化与记录,这些蛰伏于学生时代的海量数据正成为束缚学生进步、成长与改变的潜在隐患。

(四)技术依赖,记忆失能

学习的过程即不断回忆旧知识、记忆新知识的过程,然而随着世界数字化,人们记忆便逐渐依赖于外部的技术。"外脑存储""记忆外包"正成为生活常态,大量的信息正从大脑转存到外部,产生"数字健忘"等问题。

世界数字化正对学习和记忆信息方式产生持续且显著的影响,最突出的表现便是记忆外包、数字健忘。在一项研究中,对1 000名16岁及以上的消费者进行调查,发现有91%的人依靠互联网和数字设备作为记忆的工具。另一研究对6 000人的调查发现,71%的人不记得他们孩子的电话号码,57%的人不记得自己的电话号码。[20]这表明依靠数字设备来记忆正在导致"数字健忘"的问题。尼古拉斯·卡尔在《浅薄》一书中提出记忆外包与文明消亡的问题:"当我们把记忆任务推卸给外部数据库,从而绕过巩固记忆的内部过程时,我们可能就会面临专注能力的丧失、个体深度、独特个性以及共享的社会文化深度的丢失与大脑宝藏被掏空的风险。"[21]可见,过度依托于技术进行记忆的行为习惯将潜移默化地弱化、危及甚至瓦解个人的记忆功能。

三、大数据时代学习的新路径

(一)保持头脑之理性

大数据技术正编织着比特与原子混杂交互、虚拟与现实逐步交融的社会新形态，随时随地刷屏、搜索、抉择与学习正成为一种人类的生活乃至生存方式。面对海量的数据、巨大的信息量，人类的思维习惯于以爆炸性方式来收发信息、摄取知识，最终演进出非线性、发散性、碎片化等思维新形态。这些都说明保持头脑之理性的重要性。

保持头脑之理性需要重视阅读、搜索与学会判断。苏伽特·米特拉认为，在今后的大数据时代，只有三种最基本的东西是学生用得到和必须学的东西：一是阅读，二是搜索，三是辨别真伪。[22]首先是学会阅读。今天，超过 50 亿张的数字屏幕在我们生活中闪烁，屏幕上五花八门的碎片化信息以松散的方式聚集在一起，这些碎片化信息极易把读者的注意力带离核心。[23]因此，无论是纸读还是屏读时都应理性地思考与推理，在阅读中反思与建构自己的观点，把控与牵制自我，养成深度阅读与思考的行为习惯。其次要学会搜索。简便、快捷的搜索由于技术依托与人类惰性日渐成为生活里偷懒的哲学，面对海量、冗杂的学习资源，如何在碎片化中提取信息显得尤为重要。美国学者乔治·西孟斯认为：管道比管道中的内容物更重要，即由于知识不断增长进化，获得所需知识的途径比学习者当前掌握的知识更重要。[24]最后要学会辨别真伪。牛津字典将"后真相"命名为 2016 年的年度词汇。[25]即真相正被社会不理性、主观与冗杂的信息所掩盖。每天，移动设备上的数千种来源正巨浪般地扑向学生，真相不再来自权威，而是由受众一个碎片一个碎片实时拼接出来，屏幕之民创造他们的内容，构建他们自己的真相。[26]因此，应重视信息的保真度、可靠性、有效性和主要来源，仔细、周到并基于现实地对信息进行评估，进行批判性思考和辩论，立足理性头脑之中才能形成驾驭新时代的世界观。

（二）实现学习方式之更新

随着社会大环境的变化与教育资源的不断重组，学生获取知识不再局限于单一的师生来源，教师的角色已从知识的主导者与传授者转变为知识传递的辅助者，以学校为中心的学习正在重构。因此，应跟上学习大环境变化的脚步，实现学习方式的更新升级。

以不断迭代升级的数字工具产品为依托，在数字时代探索新型的学习方式以满足学习者在新环境中的新需求。首先，充分运用现有的技术并发展以大数据为依托的新型技术，将虚拟与现实的数据与信息融入人体本身，让信息离学习者更近。运用包括谷歌眼镜、微软全息投影设备 HoloLens、Cicret 手环、苹果的 Apple Watch,以及在 2015 年 TED 大会上展示的传感背心等可穿戴设备、沉浸式设备、三维打印技术、人工智能等技术,可颠覆许多内容的学习方式。[27]其次,在新技术的助力下发展"富裕"的学习方式,孕育全新的学习形态。未来的学习将在新型技术的支撑下呈现出面向未来、按需学习、达到激发潜能与提升幸福感的新特征,学习者应适应不断变化的社会大环境,自主、积极、科学地了解、选择与适应新型学习方式,包括碎片化学习、游戏化学习、混合式学习、协作学习、量化学习、移动学习与个性化学习等,最终实现学习方式的更新升级。

(三) 转变教育之心理

如今,信息大爆炸与知识指数型增长,若安于活在当下,不思寻变,只会成为时代的傀儡。因此,在人人都可以成为创客、组成个人化平台的数字时代,作为辅助者的数字移民应不断寻变,为提升学习者的好奇与兴趣以其收获学习的幸福感而努力。

随着学习新时代的来临,为实现受教育者的集体转身对数字移民提出了极大的心理需求。首先,数字移民应按需改变,真正承担起孩子向导的角色。为适应在心理、习惯都不断改变的孩子,缩小与新式学生的鸿沟,数字移民教师应主动去了解学生的新世界,加入孩子中以帮助他们学习和整合数字时代的信息与知识,不断创新教学方式。[28]例如,以充满数据的游戏平台为学习工具,使数据成为学生提供学习情况反馈的接口,激发新式学生的学习兴趣与欲望。其次,数字移民应持续学习,注重培养创造力思维。尽管世界著名教育心理学家霍华德·加德纳已表明有多元智能,然而,由于教育者倾向于以难且窄的事实和逻辑为基础的各种智力开发,支持标准化的测试工作与传统的学习方式,如死记硬背,破坏了孩子的创造力。在以大数据为依托的智能社会到来之际,人们若是止步于观望、犹豫与踟蹰,将很可能成为迷茫与被社会进步抛弃的一代。所以,应转变教育与学习之心理,拥抱大数据与智能机器,争当 2% 的善于学习、改变与创新的人。

(四) 完善评价之多元

伴随从工业时代到信息时代对人才能力需求的转变,学习体系应围绕需求提供多样化、规范化、正式性的发展机会，融合教育大数据发展出新型的认可和认证次级系统以并入现有的教育系统中，最终实现评价的过程性、多元性与全面性。

工业时代，传统的评价标准局限于卷面分、学位证及辍学率，而大数据时代的社会将会是学习与未知的社会，与此相对应的人才标准更多地展现出智能社会的特征，评价标准也应更多地关注于学习能力、社交技能、协作能力、批判性思维与语言和逻辑能力等综合能力。因此，评价应向过程性、多元性与全面性转变。首先，评价过程化。除了传统的考试、论文与平时作业，评价将渗透于学生的日常生活，如图书馆的借书及还书数据、作息的规律性、上课的认真程度等各个方面，随时随地地基于个人大数据、微观大数据进行评价、分析与预警。其次，评价的多元性与全面性。传统政策制定者、教育系统和学校应与时俱进，用数字化学习系统收集成绩测试所不能捕捉到的重要品质数据以改进评估内容和过程。第一，将评估嵌入数字学习系统，从学习系统挖掘数据来评估认知技能。美国伍斯特理工学院研究表明，研究学生与学习软件互动所产生的数据信息，特别是学生在回答错误问题后的回应情况有助于预测且改善学生未来的数学表现。第二，从学习系统挖掘数据，以评估非认知技能。传统的教育并不明确地衡量包括认真、自信等非认知性质量，然而美国学者温莉瑞儿创建了一个基于游戏的持久性评估，该测试在控制性别、视频游戏体验、预测测验知识和享受游戏后，对学习的持久性进行预测评估。[29]第三，虚拟环境中的探究技能评估。哈佛大学的克里斯·德德和研究团队一直在研究使用虚拟世界（沉浸式环境）进行科学学习和评估，并表明使用模拟环境评估难以测量的学习成果（如科学探究技能）的可行性。[30]因此，学习评价将会与大数据相结合以改变、创新测量方法，基于学生行为的量化与可视化来实时记录与评估，提供全方位的反馈信息。

（五）实现学习文化之革新

大数据与学习是一个多元的学习生态，需要多方合作才能实现实质性、常态性的突破。因此，为构建新型的教育生态系统，需要通过重构学习内容、学习空间、学习目标与学习理论，以全方位打造基于大数据的学习综合生态系统。

第一，整合注重人文关怀的数字化学习内容。扎根当地教育大环境，将开放式的学习内容与本地环境、本地语言、本地课程设置相匹配；突破程序化的禁锢,注重价值观、情感态度以及生命价值的教育,走出漠视生命学习的困境;以促进数字公平为目标,注重数字文化与网络基本素养培养。

第二,重构未来学习空间。首先,社会化协同办学。引进社会资源,如引入大数据技术人员、工匠以共同促进学校角色功能的转变,使其由实验场转变为知识的加工场。其次,从学生层面、教学层面、科研层面与管理层面加强校园大数据应用价值的运作与研究建设,注重建设学生个人数据中心。最后,创新学习空间,使网络空间与物理空间相结合,如创客空间、众创空间与分布式远程教室等。

第三,树立面向未来的学习目标。适应时代的新需求,让数据技能与读写数学能力的地位同等重要;注重人工智能目前无法逾越的技能,包括社交能力、语言与逻辑能力、社会协作能力、创新能力等;随着数据科学家需求的增长,应培育下一代的数据科学家。[31]虽然大学已经开始提供大数据本科课程以及研究生课程,但与目前就业市场的高需求相比,数据科学家仍然大量短缺。数据科学家的巨大短缺源于缺乏一个结构化的 K-12 大数据计划,一旦实施,它可以为学生准备适当的批判性思维,理解和操纵大数据及其应用所需要的归纳推理和分析技能。[32]

第四,注重大数据学习理论的顶层设计。人类文明、历史往往被科学所推动,因此,应更新大数据科学,使大数据学习理论为现实做指导;探索大数据时代学习的新规律,构建指导学生学习的科学理论;拓展大数据学习的边界,使其成为发挥人类潜能、天赋与个性的重要力量。

参考文献

[1] 维克托·迈尔-舍恩伯格,肯尼斯·库克耶.大数据时代:生活、工作与思维的大变革[M].盛杨燕,周涛,译.杭州:浙江人民出版社,2013.15.

[2] 魏忠.大数据时代的教育革命[N].江苏教育报,2014-08-06(4).

[3] 王运武，杨萍.《2017 地平线报告（高等教育版）》解读与启示——新兴技术重塑高等教育[J].中国医学教育技术，2017(2):117-123.

[4] 西蒙斯，李萍.关联主义:数字时代的一种学习理论[J].全球教育展望，2005(8):9-13.

[5] YANG S J H，HUANG C S J. Taiwan Digital Learning Initiative and Big Data Analytics in Education Cloud[C]. Japan:Iiai International Congress on Advanced Applied Informatics. IEEE，2016:366-370.

[6] GRAHAM L，METAXAS P T. "Of course it's true;I saw it on the Internet!":critical thinking in the Internet era[J]. Communications of the Acm，2003，46(5):70-75.

[7] PRENSKY M. Digital Natives，Digital Immigrants[J]. Journal of Distance Education，2009，292(5):1-6.

[8] 维克托·迈尔-舍恩伯格，肯尼斯·库克耶.大数据时代:生活、工作与思维的大变革[M].盛杨燕，周涛，译.杭州:浙江人民出版社，2013.9.

[9] PICCIANO A G. The Evolution of Big Data and Learning Analytics in American Higher Education[J]. Journal of Asynchronous Learning Network，2012，16(4):9-20.

[10] HUANG H M. Discovering Social and Moral Context in Virtual Educational World[J]. Computer Mediated Communication，1999:19.

[11] MITRA S，RANA V. Children and the Internet:experiments with minimally invasive education in India[J]. British Journal of Educational Technology，2001，32(2):221-232.

[12] MITRA S. How to Bring Self-Organized Learning Environments to Your Community[EB/OL]. [2013-05-13]http://ww2. kqed. org/mindshift/wp-content/uploads/sites/23/2013/12/SOLE Tookjt. pdf.

[13] 杨晓哲.五维突破:互联网＋教育[M].北京:电子工业出版社，2016.7.

[14] 维克托·迈尔-舍恩伯格,肯尼思·库克耶.与大数据同行:学习和教育的未来[M].赵中建,张燕南,译.上海:华东师范大学出版社,2015.

[15] CHINGOS M M,WHITEHURST G J. Choosing Blindly:Instructional Materials, Teacher Effectiveness, and the Common Core[J]. Brookings Institution,2012:28.

[16] 吴军.智能时代:大数据与智能革命重新定义未来[M].北京:中信出版社,2016.

[17] OLSSON M,MOZELIUS P,COLLIN J. Visualisation and Gamification of e-Learning and Programming Education[J]. Electronic Journal of e-Learning,2016,13(6).

[18] 维克托·迈尔-舍恩伯格.删除:大数据取舍之道[M].袁杰,译.杭州:浙江人民出版社,2013.

[19] 维克托·迈尔-舍恩伯格,肯尼思·库克耶.与大数据同行:学习和教育的未来[M].赵中建,张燕南,译.上海:华东师范大学出版社,2015.76.

[20] NOREEN Saima. The internet is eating your memory, but something better is taking its place[N]. The Washington Post 2015-09-13(132).

[21] 尼古拉斯·卡尔.浅薄:互联网如何毒害我们的大脑[M].刘纯毅,译.北京:中信出版社,2010.

[22] 魏忠.大数据时代的教育革命[N].江苏教育报,2014-08-06(4).

[23] 凯文·凯利.必然[M].周峰,董理,金阳,译.北京:电子工业出版社,2016.

[24] 西蒙斯,李萍.关联主义:数字时代的一种学习理论[J].全球教育展望,2005(8):9-13.

[25] WALKER Zachary M. Nurturing Critical Thinkers in a Post-Truth World [EB/OL][2017-5-15]. http://www. wise-qatar. org/nurturing-critical-thinkers-post-truth-education-zachary-walker.

[26] 凯文·凯利. 必然[M]. 周峰,董理,金阳,译. 北京:电子工业出版社, 2016. 94.

[27] 杨晓哲. 五维突破:互联网＋教育[M]. 北京:电子工业出版社,2016. 216.

[28] PRENSKY M. Digital Natives, Digital Immigrants[J]. Journal of Distance Education, 2009, 292(5):1-6.

[29] VENTURA M, SHUTE V. The validity of a game-based assessment of persistence[J]. Computers in Human Behavior, 2013, 29(6):2568-2572.

[30] MEANS B, ANDERSON K. Expanding Evidence Approaches for Learning in a Digital World[R]. Washington: Office of Educational Technology Us Department of Education, 2013:51-63.

[31] LANE J E. Building a smarter university: big data, innovation, and analytics [M]. State University of New York Press, 2014.

[32] TONG P, YONG F. Implementing and Developing Big Data Analytics in the K-12Curriculum-A Preliminary Stage[C]. Puerto Rico Big Data and Analytics Edcon. 2015:1-10.

附录二

论赛博空间中的学习革命

摘　要：计算机和网络迅速普及为人类创造出一个新型的虚拟生存空间——赛博空间。其独特性质和在教育中的广泛应用引发了一场新的学习革命，导致了学习时空、学习基石、学习形态的重大变革这必将产生新的学习理念：开放学习、个性化学习、终身学习、虚拟学习、学会学习，学会创造新世纪的学习者应积极迎接这场新的学习革命，努力培养自己的"电子学习"的能力：学好计算机和网络的有关知识，提高信息实践能力，重视英语学习，提高信息免疫力。

关键词：赛博空间；学习革命；电子学习；学习方式；学习理念

一

网络的出现和迅速普及为人类在现实的物理空间之外，又创造了一个新型的虚拟生存空间——赛博空间。赛博空间一词是 cyberspace 音译，可以看作是 cyberneties 与 space 的复合，表示受控制的空间[1]。有时，人们有又称其为网络空间、在线空间、电脑空间、网络社会虚拟社会等。它是指基于全球计算机网络化的由人、机器、信息源之间相互联结而构成的一种新型的社会生活和交往的虚拟空间。实际上，赛博空间是以计算机与计算机互联为基础，通过知识与有关规则形成的人与计算机共同建构的（实时与非实时）空间，实质上是科学知识在一定规则下形成的空间[2]。它具有虚拟性、开放性、数字化、自由性、变动性以及资源丰富性和时空压缩化等特点。

赛博空间的这些独特性质，不仅导致了生产方式、生活方式、思维方式乃至情感方式的重大变革，而且在教育上也得到了广泛的应用和普及。事实上，互联网在中国的应用始于科技与教育——中国第一个全国性骨干互联网是中国教育科研网（CERNet）。目前，它是我国第二大互联网，连接了 140 多个城市和 700 多所大学及科研单位，用户量超过 400 万，是推动教育信息化的重要基础平台。同时，我国的远程教育也迈出了网络化发展的新步伐。已开通的中国教育电视台卫星宽带多媒体传输平台，具备播出 8 套电视节目、8 套语音节目和 20 多套 IP 数据广播节目的能力。卫星网络与 CERNet 实现了高速连接，初步形成了具有交互功能的现代远程教育网络。今天，教育界依然是互联网应用的先锋。从无所不在的互联网辅助教学，倒像雨后春笋一样涌现的网络大学，互联网正在深刻地改变着教育的面貌。它不仅极大地拓展了教育的时空界限，空前地提高了人们学习的兴趣效率和能动性，突破传统的教和学的模式，产生了新的学习革命。

第一，学习时空的突破。信息网络化把全球变成了一个"地球村"，网络教育也突破了学校教育的时空界限网络学习正在迈进每一个家庭，成为每一个学习者或主或辅的学习方式。远程教育作为一种新型的适应性很强的学习方式，正具有愈来愈大的吸引力。"因特网在技术上有潜力将全球的每一间客厅变成共时互动的课堂。"[3]

第二，学习基石的变化。阅读、写作和计算被认为是传统学习的三大基石，赛博空间的出现使这三者都发生了根本性的变革。表现在阅读方式上，由文本阅读走向超文本阅读，由单纯文字阅读到多媒体电子阅读；表现在写作方式上，由手写走向键盘输入、鼠标输入、扫描输入和语音输入，并出现了超文本构思多媒体写作和阅读与写作的一体化；表现在计算方式上，由数字计算走向用"基 2 代码"和二进制的数字化模拟和高速计算，并通过文字的数字化使读写算融为一体。

第三，学习形态的变革。网络教育对教学过程形成了一系列影响，导致了学习形态的变革；从班级制走向个别化教学；从教师授课走向"教材—教师"一体化；从现实课堂走向虚拟课堂；从"注入式"教学法走向"咨询—辅导式"教学法；从知识模具化走向知识个性化。[4]

第四，智能环境的变化。所谓智能环境，一般指人们培养和发展智能所需要的社会环境，主要指教学和学习环境，也包括其他接受教育的社会环境，如图书馆、博物馆等。智能环境不仅可以有力地改变我们分析问题和综合问题的方法，而且还将改变我们人类大脑的物质组成和化学性质。"智能环境能使我们发展新的神经元和大脑皮层，这也不是不可能的。一个比较灵活的环境，能造就比较灵活的人。"[5]赛博空间不仅直接提高了知识传授的效率，使学校这个智能环境大为改善，而且在社会上也提高了人们对信息知识和智力开发的重视程度，增强了许多社会行业的知识密集和智力密集程度，使人们能够在不同方面、不同环境和不同时期中，不断地高效率地学习。因此，智能环境的这种变化，必将使人们学习得更快更好，使人们的头脑更聪明更发达，有利于教育事业的发展。

二

学习方式的变革必将产生新的学习理念。这是 21 世纪每一个教育者和学习者都应该高度重视的。其中主要包括以下七点。

第一，开放学习。信息网络技术是一种开放的技术。网络的发展需要开放的社会环境和开放的文化。网络技术和网上大学的出现和发展，在教学、科研、成果转化和高新技术产业化等方面，都会比过去更加开放和有更多的沟通。多媒体的普及和网络的发展，使远程教育更趋完善，使教育不再受特定时空的限制，可以居家上课大学的界限变得模糊起来，高等教育将从垄断和僵化中走出，变得更加开放和多样化。

第二，个性化学习。信息网络技术在教学中的广泛运用，为个性化学习提供了一种技术环境，教学形态由班级制走向个别制教学，教学过程由以"教师为主导"转变为"以学生为中心"，从而使个性化学习成为可能教师可以根据学生的实际实施柔性教学，真正做到"因材施教"；学生拥有学习的自主权、全面参与权和教育活动的选择权，可以根据自己的兴趣、需求和水平择校、择师、择课、择时、择地等，做到自主学习充分学习和有效学习，从而在学生知识结构个性化的基础上，进一步强化了学生人格的个性化倾向。

第三，社会化学习。网络将把整个社会连在一起，学校教育、社会教育、家庭教育的界限变得愈来愈模糊。普通高等教育和职业技术高等教育、正规教育与非正规教育将融为一体。学校教育将逐步社会化，对社会全方位开放，而社会教育将逐步家庭化，整个社会将变成一个学习社会。学习从少数人扩展到所有人，从人的一个阶段扩展到人的终身，从单纯地为了获得学历文凭转变到为了适应和驾驭未来社会。知识社会化和社会知识化推进学校和社会的双向参与。知识经济和信息社会推动着学习社会的形成，学习社会支撑着知识经济和信息社会的运行。

第四，终身学习。信息和知识的高速增长传播和转化使终身学习成为必要，而计算机和网络为终身学习提供了技术基础。书本化教材的知识落后于社会发展少则五年，多则十年，甚至更长时间，而网络上的电子化课程的知识更新可发生在一周之内。终身学习是 21 世纪人类的生存概念和生活方式。正如比尔·盖茨在《未来之路》中指出："教育的最终目标会改变，不是为了一纸文凭，而是为了终身受到教育。"[6]

第五，虚拟学习。计算机多媒体和网络可以模拟大量的现实世界情景，把外部世界引入课堂，使学生获得与现实世界较为接近的体验。例如，美国宇航局通过联网向中学生开放，允许他们与宇航员对话和收集关于太空的信息。

第六，学会学习。信息爆炸和知识老化的加速使学习方法的重要性更加凸现出来。在"减负"（减轻学习负担）和"提质"（提高学习质量和效率）之间，最明智的选择就是"学会学习"。"未来的文盲不再是目不识丁的人，而是没有学会怎样学习的人"只有学会学习，才能提高能力，才能把自己培养成为高素质的全面发展的人才[7]。在网络环境下，教学内容将从单纯知识灌输走向知识与方法论的兼蓄习得。方法论的习得将多过知识习得的时间，提高学习效率，并激发创造性思维培养信息素养，掌握学习方法，提高学习能力，将成为我国教育改革的一个重要方面。

第七，学会创造。创造教育是素质教育的核心和重点。实施素质教育不仅要使学生"学会学习"，而且更重要的是要使学生"学会创造"，因为创造（创新）是知识经济时代人才的主导素质。[8]网络和多媒体技术可以构建信息丰富的、反思性的学习环境和学习工具，允许学生进行自由探索，加大了学生的创造自由度，十分有利于批判性、创造性思维的形成和发展。计算机和网络的最大的教育价值在于让学生获得学习自由，为其提供可以自由探索、尝试和创造的条件。

三

为了迎接赛博空间中学习革命的挑战，适应学习方式变革和学习理念更新的需要，新世纪的学习者应努力培养自己的"电子学习"（E-learning）的能力。

第一，学好计算机和网络的有关知识。要从把握时代趋势，迎接挑战的高度来认识学习计算机和网络知识的重要性。早在 1984 年，邓小平同志就提出："计算机的普及要从娃娃做起""十五"计划指出："各级各类学校要积极推广计算机及网络教育。在全社会普及信息化知识和技能。"教育部在全国中小学信息技术教育工作会议上提出，从 2001 年起用 5～10 年的时间在全国中小学普及信息技术教育，全面实现"校校通"工程，以信息化带动教育现代化，努力实现基础教育跨越式发展。事实上，赛博空间的存在已成为一种新的文化，这就要求我们像识字、算术一样来学习计算机和网络知识，从而为我们从事"电子学习"和适应赛博空间生存奠定坚实的基础。

第二，提高信息实践能力。信息实践能力是上机或上网进行信息检索、处理、交流的能力，是信息素养的重要体现。在学好计算机和网络的基础上，进一步学习信息检索知识，以必修课、选修课、听讲座或自学等形式，学习"文献检索与利用""网络信息检索""电子信息资源检索"等课程，掌握信息检索的途径方法和策略等。通过信息实践，增强对信息的感受力和敏感性，使自己能够根据检索课题精练检索概念，制定检索策略，熟悉各数据库系统的检索指令、方法和步骤，熟练使用 Internet 所提供的各种信息服务功能，诸如电子邮件（E-Mail）、文件传输（FTP）、远程登录（TELNet）、电子公告牌（BBS）、万维网（WWW）等。

第三，进一步重视英语学习。据调查，网络空间中各种语言使用的频率从高到低依次是：英语 84%，德语 4.5%，日语 3.1%，法语 1.8%。[9] 可见，英语作为国际性的通用语言，更是赛博空间中的主导语言。在当今的 Internet 上，有 90% 左右的内容是以英语出现的，难怪有人戏称"网络是为英语而生的"。语言是人类信息交流的重要的和基本的载体，对人的信息素养有重要影响。可以说，在网络环境下，没有一定的英语水平，根本谈不上信息素养的培养和提高。这一点，必须引起足够的重视。要转变英语教育理念，积极探索英语学习的方法，变英语知识教育和"过级"教育为能力教育和应用教育，使自己能真正掌握这种语言工具，来获取所需要的信息。[10]

第四，提高自己的信息免疫力。在网络空间中，存在着大量的信息污染。冗余信息、盗版信息、虚假信息、过时信息、错位信息等，都是信息垃圾，它们是静态的、无法自行激活的信息。在目前的网络空间中，色情信息的泛滥达到了使人难以置信的程度"从小报性热潮到令人可笑的女人照片 CD-ROM 的流行，到由于发行淫秽、非法并完全没道德的万维网主页而被起诉和关监的儿童流氓犯，计算机色情包括了广泛的罪恶和罪恶之人。"[11]由于赛博空间中信息传播在时间上的瞬间化和空间上的无边界性，再加上不同国家和民族在文化传统、价值观念和社会制度上的差异，使淫秽信息在网络中的传播有其新的特点在综合提高自己信息素养的过程中，决不可忽视信息免疫力的提高。要使自己具有正确的人生观、价值观、甄别能力以及自控、自律和自我调节能力，从而能够自觉地抵御和消除垃圾信息及有害信息的干扰和侵蚀，并且完善合乎时代的信息伦理素养。同时，要注意预防盲目的信息崇拜。美国学者西奥多·罗斯扎克指出："如同所有的崇拜，信息崇拜也有意借助愚忠和盲从。尽管人们并不了解对于他们有什么意义以及为什么需要这么多信息，却已经开始相信我们生活在信息时代，在这个时代中我们周围的每一台计算机都成为信仰时代的'真十字架'：救世主的标志了。"[12]预防信息崇拜的负面效应，在一定程度上就能减少对信息的滥用和误用，降低不良信息的影响程度，从而有效避免"现实人"与"网络人"人格的二元分裂和物理空间与赛博空间的严重脱节，形成虚拟与现实之间的良性互动，有效提高赛博空间中学习和生存的能力。[13]

参考文献

[1] 威廉·J·米切尔.比特之城[M].范海燕,胡泳,译.北京:生活·读书·新知
    三联书店,1999.179.

[2] 吴国林.试论赛博空间的实在性[J].佛山科学技术学院学报,2001,(3):8-12.

[3] 嘉格伦.网络教育——21世纪的教育[M].北京:高等教育出版社,2000.56.

[4] 包学庆.信息高速公路上的教育科研[J].上海教育科研,1996.(3):14-15.

[5] 托夫勒.第三次浪潮[M].北京:生活·读书·新知三联书店,1983.237.

[6] 比尔·盖茨.未来之路[M].北京:北京大学出版社,1996.254.

[7] 刁生富.学会学习(大学卷)[M].广州:暨南大学出版社,2002.

[8] 刁生富.学会创造[M].广州:广东高等教育出版社,2001.

[9] 江小平.信息化时代的法国[J].国外社会科学,1999.(6).

[10] 刁生富.中高级英语阅读技能与技巧[M].广州:广东高等教育出版社,2001.

[11] 尼尔·巴雷特.数字化犯罪[M].沈阳:辽宁教育出版社,1998.196-197.

[12] 西奥多·罗斯扎克.信息崇拜[M].北京:中国对外翻译出版公司,1994.VI.

[13] 刁生富.信息时代的中国现代化[M].广州:华南理工大学出版社,2001.